Uebungs-Aufgaben

zur Lehre

vom

Größten und Kleinsten;

nebst

einer vorausgeschickten kurzen Theorie des Gegenstandes,

von

D. C. L. Lehmus,

Doktor der Philosophie.

Mit 3 Kupfertafeln.

Berlin, 1823.

Gedruckt und verlegt

bei G. Reimer.

Inhalt.

Erster Abschnitt.

Theorie der Lehre vom Größten und Kleinsten, in gedrängter Uebersicht.

I. Bestimmung eines Max. oder Min. bei entwickelten Functionen unabhängiger Variablen.

§. 1.

Ist $u = \varphi x$, so ist

$$\varphi(x+k) = \varphi x + k.\varphi' x + \frac{k^2}{(2)}\varphi'' x + \ldots + \frac{k^n}{(n)}.\varphi^n x + \ldots$$

worinnen 1.2.3.4....n unter (n) zu verstehen ist. (§. 25. meiner Analysis) Insofern $dx = 1$ ist, so kann man für $\varphi' x$ oder $d\varphi x$ oder du, auch $\frac{du}{dx}$; eben so: für $\varphi'' x$ oder $d^2 \varphi x$, oder $d^2 u$, auch $\frac{d^2 u}{dx^2}$ u. s. w. endlich für $\varphi^n x$ oder $d^n \varphi x$ oder $d^n u$, auch $\frac{d^n u}{dx^n}$ schreiben, und obige Taylorsche Reihe so ausdrücken:

$$\varphi(x+k) = u + k.\frac{du}{dx} + \frac{k^2}{2}.\frac{d^2 u}{dx^2} + \ldots + \frac{k^n}{(n)}.\frac{d^n u}{dx^n} \ldots$$

§. 2.

Ist $u = \varphi(x, y)$ und man betrachtet y als constant, so hat man nach §. 1;

$$1)\ \varphi(x+k, y) = u + k . \frac{du}{dx} + \frac{k^2}{(2)} . \frac{d^2u}{dx^2} + \frac{k^3}{(3)} . \frac{d^3u}{dx^3} + \ldots$$

Denkt man sich nun auch y veränderlich, und setzt y + r für y in 1; so wird aus u, dann:

$$2)\ \varphi(x, y+r) = u + r . \frac{du}{dy} + \frac{r^2}{(2)} . \frac{d^2u}{dy^2} + \frac{r^3}{(3)} . \frac{d^3u}{dy^3} + \ldots$$

Eben so wird aus $\frac{du}{dx}$ oder $\frac{d\varphi(x, y)}{dx}$ dann

$$3)\ \frac{d\varphi(x, y+r)}{dx} = \frac{du}{dx} + r . \frac{d\frac{du}{dx}}{dy} + \frac{r^2}{(2)} . \frac{d^2\frac{du}{dx}}{dy^2} + \ldots$$

$$= \frac{du}{dx} + r . \frac{d^2u}{dx\,dy} + \frac{r^2}{(2)} . \frac{d^3u}{dx\,dy^2} + \frac{r^3}{(3)} . \frac{d^4u}{dx . dy^3} + \ldots$$

Dann, aus $\frac{d^2u}{dx^2}$ oder $\frac{d^2\varphi(x, y)}{dx^2}$ wird eben so:

$$4)\ \frac{d^2\varphi(x, y+r)}{dx^2} = \frac{d^2u}{dx^2} + r . \frac{d^3u}{dx^2 . dy} + \frac{r^2}{(2)} . \frac{d^4u}{dx^2 . dy^2} + \ldots$$

u. s. w.

Substituirt man nun diese Werthe, welche aus u, $\frac{du}{dx}$, $\frac{d^2u}{dx^2}$, $\frac{d^3u}{dx^3}$ u. s. w. in 1, dann werden, wenn y in y + r übergeht, in die Reihe 1, so erhält man

$$5)\ \varphi(x+k, y+r) = u + k . \frac{du}{dx} + r . \frac{du}{dy}$$

$$+ \frac{k^2}{2} . \frac{d^2u}{dx^2} + k . r . \frac{d^2u}{dx\,dy} + \frac{r^2}{(2)} . \frac{d^2u}{dy^2}$$

$$+ \frac{k^3}{(3)} . \frac{d^3u}{dx^3} + \frac{k^2 . r}{(2)} . \frac{d^3u}{dx^2 . dy} + \frac{k . r^2}{(2)} . \frac{d^3u}{dx . dy^2} + \frac{r^3}{(3)} . \frac{d^3u}{dy^3}$$

+ u. s. w.

§. 3.

Da in §. 2. die Werthe von k und r ganz willkührlich sind, so kann man auch $r = n.k$ setzen; dann verwandelt sich 5, in

$$\varphi(x+k, y+nk) = u + \left(\frac{du}{dx} + n.\frac{du}{dy}\right).k$$
$$+ \left[\frac{1}{2}.\frac{d^2u}{dx^2} + n.\frac{d^2u}{dxdy} + \frac{n^2}{(2)}.\frac{d^2u}{dy^2}\right].k^2 + \text{u. s. w.}$$

und es kann (nach §. 7 meiner Analys.) also k immer so klein gewählt gedacht werden, daß jedes Glied dieser Reihe vom 2ten ab gerechnet, größer wird, wie die absolute Summe aller folgenden.

§. 4.

Ist $u = \varphi(x, y, z)$ so erhält man wie in §. 2:

$$\varphi(x+k, y+r, z+t) = u + k.\frac{du}{dx} + r.\frac{du}{dy} + t.\frac{du}{dz}$$
$$+ \frac{k^2}{(2)}\frac{d^2u}{dx^2} + kr\frac{d^2u}{dxdy} + \frac{r^2}{(2)}.\frac{d^2u}{dy^2} + kt\frac{d^2u}{dxdz} + rt.\frac{d^2u}{dydz}$$
$$+ \frac{t^2}{(2)}\frac{d^2u}{dz^2} + \text{u. s. w.}$$

und der Satz §. 7 meiner Analys. gilt auch hier, d. h. man kann k oder r oder t immer so klein bestimmen, daß $k\frac{du}{dx} + r.\frac{du}{dy} + t\frac{du}{dz}$ immer größer wird wie die absolute Summe aller folgenden, oder auch: daß die Summe der 6 folgenden Glieder größer wird wie die absolute Summe aller nach diesen folgenden.

§. 5.

Es ist leicht, die bisherigen Sätze auf vier oder noch mehrere unabhängige Variable auszudehnen.

§. 6.

Ist $u = \varphi x$ so können diejenigen Werthe von x, den Ausdruck u zu einem Max. oder Min. machen, für welche entweder

1tens $\frac{du}{dx} = 0$; oder

2tens $\frac{du}{dx} = \infty$ wird.

Die Werthe von x, welche aus $\frac{du}{dx} = 0$ hervorgehen, liefern ein Max. wenn für diese Werthe, $\frac{d^2u}{dx^2}$ negativ, ein Min. aber, wenn $\frac{d^2u}{dx^2}$ positiv wird. Ergiebt sich aber für die aus $\frac{du}{dx} = 0$; hervorgehenden Werthe von x, Null für $\frac{d^2u}{dx^2}$ so können die gefundenen Werthe von x nur dann ein Max. oder Min. liefern, wenn für sie auch $\frac{d^3u}{dx^3}$ zu Null wird. Sie geben ein Max. wenn für diese Werthe von x, $\frac{d^4u}{dx^4}$ negativ, ein Min. wenn $\frac{d^4u}{dx^4}$ positiv wird, u. s. w. Bezeichnet man die Werthe von x, welche aus $\frac{du}{dx} = \infty$ sich ergeben, durch a, so muß man, um zu bestimmen, ob sie ein Max. oder Min. liefern, sowohl $\varphi(a + p)$ als $\varphi(a - p)$ entwickeln, und aus den Resultaten beurtheilen, ob beide kleiner, oder beide größer wie φa sind. Derselbe Fall tritt ein, wenn die aus $\frac{du}{dx}$ erhaltenen Werthe von x, für $\frac{d^2 u}{d x^2}$ unendlich groß, liefern. (§. 48 bis 54 meiner Analyse).

§. 7.

Aufgabe.

Diejenigen Werthe von x und y zu bestimmen, für welche u ein Max. oder Min. sein kann, wenn blos u $= \varphi (x, y)$ gegeben ist.

Auflösung.

Nach §. 2 ist

$$\varphi (x+k, y+r) = u + k . \frac{du}{dx} + r . \frac{du}{dy}$$
$$+ \frac{k^2}{2} . \frac{d^2 u}{d x^2} + k r . \frac{d^2 u}{d x d y} + \frac{r^2}{2} . \frac{d^2 u}{d y^2} + \ldots$$

$$\varphi (x+k, y-r) = u + k \frac{du}{dx} - r . \frac{du}{dy}$$
$$+ \frac{k^2}{2} . \frac{d^2 u}{d x^2} - k r . \frac{d^2 u}{d x d y} + \frac{r^2}{2} . \frac{d^2 u}{d y^2} + \ldots$$

$$\varphi (x-k, y+r) = u - k \frac{du}{dx} + r \frac{du}{dy}$$
$$+ \frac{k^2}{2} . \frac{d^2 u}{d x^2} - k r . \frac{d^2 u}{d x d y} + \frac{r^2}{2} . \frac{d^2 u}{d y^2} + \ldots$$

$$\varphi (x-k, y-r) = u - k \frac{du}{dx} - r \frac{du}{dy}$$
$$+ \frac{k^2}{2} . \frac{d^2 u}{d x^2} + k r . \frac{d^2 u}{d x d y} + \frac{r^2}{2} . \frac{d^2 u}{d y^2} + \ldots$$

Denkt man sich nun k oder r so klein, wie §. 3 es erfordert, so wird jeder dieser vier Ausdrücke nur dann größer wie u, wenn $\frac{du}{dx} = 0$ und $\frac{du}{dy} = 0$ und zugleich, für die aus diesen beiden Gleichungen sich ergebenden Werthe von x und y, der drei gliedriche Ausdruck

$$S = \frac{k^2}{2} \cdot \frac{d^2 u}{dx^2} \pm kr \cdot \frac{d^2 u}{dx dy} + \frac{r^2}{2} \cdot \frac{d^2 u}{dy^2} \text{ oder}$$

$$S = A \cdot k^2 \pm Bkr + Cr^2$$

für jede Werthe die man auch (mit Berücksichtigung von §. 3) für k und r setzen mag, doch immer positiv wird.

Für $r = 0$ wird aber

$$S = A \cdot k^2$$

also nur dann positiv, wenn $A = +$ ist.

Für $k = 0$ wird ferner

$$S = Cr^2$$

also nur dann positiv, wenn $C = +$ ist.

Für andere Werthe von k und r wird nur dann S allemal positiv, wenn, absolut genommen,

$Ak^2 + Cr^2 > Bkr$, d. h. wenn

$Ak^2 + Cr^2 - Bkr =$ irgend einer positiven Größe p wird.

Es muß also auch für denjenigen Werth von k welcher p zu einem Minimum macht, denn doch p noch positiv sein. Dieser Werth von k ergiebt sich aber nach §. 6; nemlich

$$k = \frac{Br}{2A}$$

und substituirt man diesen, so entsteht

$$p = \frac{4AC - B^2}{4A}.$$

Es wird also p dann positiv, wenn $4AC - B^2$ = positiv ist. Dasselbe Resultat entsteht, wenn man p in Beziehung auf r zu einem Kleinsten macht.

Es ist folglich $u = \varphi(x, y)$ ein Minimum für diejenigen Werthe von x und y welche aus den 2 Gleichungen $\frac{du}{dx} = o$ und $\frac{du}{dy} = o$ sich ergeben, wenn zugleich für diese Werthe von x und y

1tens A oder $\frac{d^2u}{dx^2}$ = positiv

2tens C oder $\frac{d^2u}{dy^2}$ = positiv

3tens $4AC - B^2$ oder $\frac{d^2u}{dx^2} \cdot \frac{d^2u}{dy^2} - \left[\frac{d^2u}{dx \cdot dy}\right]^2$ = positiv wird.

Eben so können nur für diejenigen Werthe von x und y, für welche $\frac{du}{dx} = o$; $\frac{du}{dy} = o$; und zugleich S negativ wird, obige vier Ausdrücke kleiner wie u werden. Es kann aber für jede Werthe von k und r, nur dann

$$S = Ak^2 \pm Bkr + Cr^2$$

immer negativ werden, wenn

A = —; C = — und zugleich in absoluter Hinsicht

$Ak^2 + Cr^2 > Bkr$, oder, weil diese Bedingung mit der fürs Kleinste übereinstimmt, wenn $4AC - B^2 = +$ ist.

Es ist folglich u ein Maximum für diejenigen Werthe von x und y welche aus $\frac{du}{dx} = o$ und $\frac{du}{dy}$ sich ergeben, wenn zugleich für diese Werthe von x und y

1tens $\frac{d^2u}{dx^2}$ = negativ

2tens $\frac{d^2 u}{dy^2}$ = negativ

3tens $\frac{d^2 u}{dx^2} \cdot \frac{d^2 u}{dy^2} - \left(\frac{d^2 u}{dx.dy}\right)^2$ = positiv wird.

§. 8.

Zusatz.

Findet man für die Werthe von x und y, welche aus $\frac{du}{dx} = 0$ und $\frac{du}{dy} = 0$ sich ergeben, $\frac{d^2 u}{dxdy}$ = irgend einem endlichen Werth; $\frac{d^2 u}{dx^2}$ aber = 0; oder $\frac{d^2 u}{dy^2} = 0$ oder beide = 0; so existirt, weil dann $4\,AC - B^2$ nicht positiv werden kann, weder ein Max. noch ein Min. Findet man aber für diese Werthe von x und y alle 3 Ausdrücke A, B und C gleich Null, dann bleibt es noch unbestimmt, ob man ein Max. oder ein Min. oder keins von beiden gefunden hat, und die Beurtheilung hängt dann nach §. 6 von der 3ten und 4ten Ableitung an ab. Die wirkliche Untersuchung führt aber auf die Auflösung der unreinen cubischen Gleichungen, und erscheint so verwickelt und weitläuftig, daß selbst Lagrange in seinen analyt. Functionen der Ausführung nur als eines frommen Wunsches erwähnt.

§. 9.

Aufgabe.

Diejenigen Werthe für x, y, z zu bestimmen, für welche u ein Max. oder Min. sein kann, wenn blos $u = \varphi(x, y, z)$ gegeben ist.

Auflösung.

Bezeichnen k, r, t die positiven oder negativen

Aenderungen zu x, y, z, so ergiebt sich wie in §. 7 daß u nur für solche Werthe von x, y, z ein Max. oder Min. sein kann, welche aus den 3 Gleichungen $\frac{du}{dx} = 0$; $\frac{du}{dy} = 0$ und $\frac{du}{dz} = 0$ sich ergeben, und daß u ein Kleinstes ist, wenn für diese gefundenen Werthe von x, y, z der Ausdruck

$$S = \frac{k^2}{2} \cdot \frac{d^2u}{dx^2} + kr \cdot \frac{d^2u}{dxdy} + \frac{r^2}{2} \cdot \frac{d^2u}{dy^2} + kt \cdot \frac{d^2u}{dxdz} + rt \cdot \frac{d^2u}{dydz} + \frac{t^2}{2} \cdot \frac{d^2u}{dz^2}$$ oder

$$S = Ak^2 + Bkr + Cr^2 + D.kt + Ert + Ft^2$$

immer positiv:

ein Max. aber, wenn S immer negativ wird, welche positive oder negative Werthe man auch für k, r, t wählen mag.

Nimmt man nun von den Aenderungen k, r, t immer je 2 und 2 gleich Null, so wird

für $r = 0$ und $t = 0$; $S = Ak^2$

für $k = 0$ und $t = 0$; $S = Cr^2$

für $k = 0$ und $r = 0$; $S = Ft^2$

und es kann also S nur dann positiv sein, wenn $A = +$; $C = +$ und $F = +$ ist; und nur dann kann S immer negativ sein, wenn $A = -$; $C = -$; und $F = -$ ist.

Nimmt man aber von den 3 Aenderungen k, r, t immer nur eine gleich Null, die beiden andern aber gleich bezeichnet, oder entgegengesetzt, so wird

für $t = 0$; $S = Ak^2 \pm Bkr + Cr^2$

für $r = 0$; $S = Ak^2 \pm Dkt + Ft^2$

für $k = 0$; $S = Cr^2 \pm Ert + Ft^2$

und aus jeden dieser 3 Ausdrücke fließt sowohl fürs Größte als fürs Kleinste wie in §. 7, eine neue Bedingung, nemlich:

aus dem ersten $4AC - B^2 = +$

aus dem 2ten $4AF - D^2 = +$ und

aus dem 3ten $4CF - E^2 = +$

Sucht man endlich für jede beliebige Werthe, welche man sich unter r und t denken mag, denjenigen für k, der S zu einem Kleinsten macht, so erhält man dieses $k = -\frac{Br + Dt}{2A}$ und setzt man diesen Werth für k in den ersten Ausdruck, welcher S darstellt, so entsteht

$$S = \frac{1}{4A}\Big[(4AC-B^2)r^2 \pm 2[2AE-BD]rt + [4AF-D^2]t^2\Big].$$

Da nun aber, vermöge der ersten 3 Bedingungen, das Zeichen von S mit dem von A übereinstimmen muß, so muß auch nothwendig

$$G = (4AC - B^2)r^2 \pm 2[2AE - BD]rt + [4AF - D^2]t^2$$
$$= Nr^2 \pm M.rt + Qt^2$$

immer positiv werden, wenn ein Max. oder Min. statt finden soll. Es muß aber sowohl der Coefficient von r^2 als der von t^2, der 4ten und 5ten Bedingung zufolge, positiv sein, daher wird P nur dann positiv ausfallen, wenn

$4NQ - M^2$ positiv wird.

Substituirt man die Werthe für N, M und Q, und reducirt, so ist die letzte Bedingung sowohl fürs Max. als fürs Min.

$$A[4ACF - B^2F - CD^2 - AE^2 + BDE] = +$$

Macht man S in Beziehung auf r zu einem Kleinsten, so entsteht

$$C[4ACF-B^2F-CD^2-AE^2+BDE]=+$$

und wenn S in Beziehung auf t zu einem Min. gemacht wird, so ergiebt sich

$$F[4ACF-B^2F-CD^2-AE^2+BDE]=+.$$

Diese 3 Forderungen fallen also in eine zusammen: sie bestimmen nemlich, daß das Zeichen von

$$4ACF+BDE-B^2F-D^2C-E^2A$$

mit denen von A, C, F, übereinstimmen muß, wenn ein Max. oder Min. statt finden soll.

Faßt man das bisherige in diesem §. zusammen, und substituirt zugleich die Werthe für A, B, C, D, E, F so hat man folgende Gesetze:

I. Es wird $u=\varphi(x,y,z)$ ein Min. für diejenigen Werthe von x, y, z welche aus den 3 Gleichungen

$$\frac{du}{dx}=o;\ \frac{du}{dy}=o;\ \frac{du}{dz}=o;$$

hervorgehen, wenn für diese gefundenen Werthe

1) $\frac{d^2u}{dx^2}=+$

2) $\frac{d^2u}{dy^2}=+$

3) $\frac{d^2u}{dz^2}=+$

4) $\frac{d^2u}{dx^2}\cdot\frac{d^2u}{dy^2}-\left[\frac{d^2u}{dx.dy}\right]^2=+$

5) $\frac{d^2u}{dx^2}\cdot\frac{d^2u}{dz^2}-\left[\frac{d^2u}{dxdz}\right]^2=+$

6) $\frac{d^2u}{dy^2}\cdot\frac{d^2n}{dz^2}-\left[\frac{d^2u}{dy.dz}\right]^2=+$

$$7)\ \frac{d^2u}{dx^2}\cdot\frac{d^2u}{dy^2}\cdot\frac{d^2u}{dz^2}+2\cdot\frac{d^2u}{dx\,dy}\cdot\frac{d^2u}{dx\,dz}\cdot\frac{d^2u}{dy.dz}-\frac{d^2u}{dx^2}\cdot\left[\frac{d^2u}{dy\,dz}\right]^2$$

$$-\frac{d^2u}{dy^2}\cdot\left[\frac{d^2u}{dx\,dz}\right]^2-\frac{d^2u}{dz^2}\cdot\left[\frac{d^2u}{dx\,dy}\right]^2=+$$

sich ergiebt.

II. Es wird $u=\varphi\,(x, y, z)$ ein Max. für diejenigen Werthe von x, y, z, welche aus den 3 Gleichungen

$$\frac{du}{dx}=0;\ \frac{du}{dy}=0;\ \frac{du}{dz}=0;$$

hervorgehen, wenn für diese gefundenen Werthe

$$1)\ \frac{d^2u}{dx^2}=-$$

$$2)\ \frac{d^2u}{dy^2}=-$$

$$3)\ \frac{d^2u}{dz^2}=-$$

$$4)\ \frac{d^2u}{dx^2}\cdot\frac{d^2u}{dy^2}-\left[\frac{d^2u}{dx\,dy}\right]^2=+$$

$$5)\ \frac{d^2u}{dx^2}\cdot\frac{d^2u}{dz^2}-\left[\frac{d^2u}{dx.dz}\right]^2=+$$

$$6)\ \frac{d^2u}{dy^2}\cdot\frac{d^2u}{dz^2}-\left[\frac{d^2u}{dy\,dz}\right]^2=+$$

$$7)\ \frac{d^2u}{dx^2}\cdot\frac{d^2u}{dy^2}\cdot\frac{d^2u}{dz^2}+2\cdot\frac{d^2u}{dx\,dy}\cdot\frac{d^2u}{dx\,dz}\cdot\frac{d^2u}{dy\,dz}-\frac{d^2u}{dx^2}\left[\frac{d^2u}{dy\,dz}\right]^2$$

$$-\frac{d^2u}{dy^2}\left[\frac{d^2u}{dx\,dz}\right]^2-\frac{d^2u}{dz^2}\cdot\left[\frac{d^2u}{dx\,dy}\right]^2=-$$

sich ergiebt.

Die Bedingungen 1, 2 und 3 sollen die der ersten Form, die 4, 5 und 6 sollen die der 2ten Form; die 7 soll die der 3ten Form heißen.

§. 10.

Zusatz.

Es ist nicht schwierig aber weitläuftig die bisherigen Untersuchungen auf 4, 5 und noch mehrere unabhängige Variable auszudehnen.

Man erhält für 4 Variable, die Anzahl der Bedingungen

von der 1ten Form $= 4 = 4_1$
— — 2ten Form $= 6 = 4_2$
— — 3ten Form $= 4 = 4_3$
— — 4ten Form $= 1 = 4_4$

also die Anzahl aller Bedingungen $= 15$.

Für 5 Variable erhält man einen 15gliedrigen Ausdruck für S und die Anzahl der Bedingungen

von der 1ten Form $= 5 = 5_1$
— — 2ten Form $= 10 = 5_2$
— — 3ten Form $= 10 = 5_3$
— — 4ten Form $= 5 = 5_4$
— — 5ten Form $= 1 = 5_5$

also die Anzahl aller Bedingungen $= 31$.

Durch Analogie, oder besser durch eine vollkommene Induction ergeben sich für n unabhängige Variable die Anzahl Bedingungen

von der 1ten Form $= n_1$
— — 2ten Form $= n_2$
— — 3ten Form $= n_3$
— — 4ten Form $= n_4$
u. s. w.
— — nten Form $= n_n$

also die Anzahl aller Bedingungen

$$= n_1 + n_2 + n_3 + \ldots + n_n.$$

Es ist aber bekanntlich, nach dem Binomischen Satz

$$2^n = n_0 + n_1 + n_2 + \ldots + n_n$$

und hieraus die Anzahl aller Bedingungen für n Variable

$$= 2^n - 1.$$

II. Bestimmung eines Max. oder Min. bei unentwickelten Functionen unabhängiger Variablen.

§. 11.

Ist $u = \varphi(x, y \ldots z)$ so hat man nach §. 4.

$$\varphi(x+k, y+r, \ldots, z+t)$$
$$= u + k \cdot \frac{du}{dx} + r \cdot \frac{du}{dy} + \ldots + t \cdot \frac{du}{dz}$$
$$+ \frac{k^2}{2} \cdot \frac{d^2u}{dx^2} + kr \cdot \frac{d^2u}{dx\,dy} + \ldots + \frac{t^2}{2} \cdot \frac{d^2u}{dz^2}$$
$$+ \text{u. s. w.}$$

also

$$\varphi(x+k, y+r, \ldots, z+t) - \varphi(x, y, \ldots, z)$$
$$= k \cdot \frac{du}{dx} + r \cdot \frac{du}{dy} + \ldots + t \cdot \frac{du}{dz}$$
$$+ \frac{k^2}{2} \cdot \frac{d^2u}{dx^2} + kr \cdot \frac{d^2u}{dx\,dy} + \ldots + \frac{t^2}{2} \cdot \frac{d^2u}{dz^2}$$
$$+ \text{u. s. w.}$$

Bezeichnet man nun, durch du, d^2u, d^3u u. s. w. diejenigen Theile der Aenderung der Function d. h. des Ausdrucks welcher $= \varphi(x+k, y+r, \ldots z+t) - \varphi(x, y \ldots z)$ ist, welche in einer, in zweien u. s. w. Dimensionen der Aenderungen $k, r, \ldots t$ multiplicirt sind, so hat man

$$du = k \cdot \frac{du}{dx} + r \cdot \frac{du}{dy} + \ldots + t \cdot \frac{du}{dz}$$

$$d^2u = \frac{k^2}{2} \cdot \frac{d^2u}{dx^2} + kr \cdot \frac{d^2u}{dx\,dy} + \ldots + \frac{t^2}{2} \cdot \frac{d^2u}{dz^2}$$

u. s. w.

§. 12.

Aufgabe.

Diejenigen Werthe von $x, y \ldots z$ zu bestimmen für welche u ein Max. oder Min. wird, wenn blos die unentwickelte Function

$P = \varphi\,(u, x, y \ldots z) = o$ gegeben ist.

Auflösung.

Bezeichnet man die zu $x, y \ldots z$ gehörigen Aenderungen durch $k, r \ldots t$; die von diesen abhängige Aenderung des u, aber durch p, so daß nach §. 11; $p = du + d^2u +$ u. s. w. ist; so hat man

$$du = k \cdot \frac{du}{dx} + r \cdot \frac{du}{dy} + \ldots + t \cdot \frac{du}{dz}.$$

Nun ist aber, aus $P = \varphi\,(u, x, y \ldots z)$ ebenfalls nach §. 11;

$$dP = \frac{dP}{du} \cdot du + \frac{dP}{dx}\,k + \frac{dP}{dy} \cdot r + \ldots + \frac{dP}{dz} \cdot t$$

und weil für alle Werthe von $x, y \ldots z$ und dem zugehörigen von u, immer $P = o$ sein soll, auch

$$dP = o;$$

folglich

$$o = \frac{dP}{du} \cdot du + \frac{dP}{dx} \cdot k + \frac{dP}{dy} \cdot r + \ldots + \frac{dP}{dz} \cdot t.$$

Setzt man in diese Gleichung den Werth für du, so erhält man

$$0 = \left[\frac{dP}{du} \cdot \frac{du}{dx} + \frac{dP}{dx}\right] \cdot k + \left[\frac{dP}{du} \cdot \frac{du}{dy} + \frac{dP}{dy}\right] \cdot r$$
$$+ \dots + \left[\frac{dP}{du} \cdot \frac{du}{dt} + \frac{dP}{dz}\right] \cdot t,$$

und dieser Gleichung geschieht für alle Werthe von k, r, .. t Genüge, wenn

$$\frac{dP}{du} \cdot \frac{du}{dx} + \frac{dP}{dx} = 0$$
$$\frac{dP}{du} \cdot \frac{du}{dy} + \frac{dP}{dy} = 0$$
$$\cdot \quad \cdot \quad \cdot \quad \cdot \quad \cdot \quad \cdot \quad \cdot$$
$$\cdot \quad \cdot \quad \cdot \quad \cdot \quad \cdot \quad \cdot \quad \cdot$$
$$\frac{dP}{du} \cdot \frac{du}{dz} + \frac{dP}{dz} = 0 \text{ ist.}$$

Entwickelt man nun aus diesen Gleichungen die ersten Ableitungen $\frac{du}{dx}, \frac{du}{dy} \dots \frac{du}{dz}$ und setzt wie in I. jede gleich Null, so hat man die erforderlichen Gleichungen zu Bestimmung der Werthe von x, y . . . z welche u zu einem Max. oder Min. machen. Sie sind

$$-\frac{dP}{dx} : \frac{dP}{du} = 0$$
$$-\frac{dP}{dy} : \frac{dP}{du} = 0$$
$$\cdot \quad \cdot \quad \cdot \quad \cdot \quad \cdot \quad \cdot \quad \cdot$$
$$-\frac{dP}{dz} : \frac{dP}{du} = 0$$

Die Untersuchung ob ein Max. oder ein Min. gefunden ist, bleibt ganz wie in I, indem aus $\frac{du}{dx}, \frac{du}{dy}, \dots \frac{du}{dz}$ die Werthe von $\frac{d^2u}{dx^2}$ u. s. w. entwickelt werden.

III. Bestimmung eines Max. oder Min. bei entwickelten Functionen abhängiger Variablen.

§. 13.

Aufgabe.

Diejenigen Werthe von v, w .... x, y .... z zu bestimmen, für welche u ein Max. oder Min. wird, wenn

$$u = \varphi\,(v, w, \ldots. x, y, \ldots. z)$$

und noch eine gewisse Anzahl unentwickelter Bedingungs-Gleichungen:

$$P = F\,(v, w, \ldots. x, y \ldots. z) = 0$$
$$Q = f\,(v, w, \ldots. x, y \ldots. z) = 0$$
$$R = \psi\,(v, w, \ldots. x, y \ldots. z) = 0$$

u. s. w.

gegeben sind.

Auflösung.

Die Anzahl der Variablen sei = n, so kann die Anzahl Bedingungsgleichungen höchstens = n — 1 sein. Sie sei allgemein = n — m, so können von den n Variablen nur m, willkührliche Aenderungen erleiden, und die Aenderungen der übrigen n — m Variablen sind von diesen abhängig.

Es sei die Anzahl der Variablen von y bis z = m, und ihre willkührlichen Aenderungen = k, ... r; die zugehörigen Aenderungen der übrigen n — m Variablen v, w, ... x mögen

p, q, ... t heißen, so daß

$$p = dv + d^2 v + \ldots.$$

$$q = dw + d^2w + \ldots\ldots$$

$$\ldots\ldots\ldots\ldots\ldots$$

$$\ldots\ldots\ldots\ldots\ldots$$

$$t = dx + d^2x + \ldots\ldots$$

und $1)\ dv = \frac{dv}{dy} \cdot k + \ldots\ldots + \frac{dv}{dz} \cdot r$

$$2)\ dw = \frac{dw}{dy} \cdot k + \ldots\ldots + \frac{dw}{dz} \cdot r$$

u. s. w.

$n - m)\ dx = \frac{dx}{dy} \cdot k + \ldots\ldots + \frac{dx}{dz} \cdot r$ ist.

Es kommt nun blos darauf an, die m ersten Ableitungen $\frac{du}{dy}, \ldots\ldots$ bis $\frac{du}{dz}$ für die Bedingung zu finden, daß u blos als Function der m Variablen y bis z angesehen werde. Setzt man nemlich dann jede dieser m Ableitungen = o und nimmt zu diesen m Gleichungen die gegebenen n — m Bedingungs-Gleichungen, so hat man die erforderlichen n Gleichungen zu Bestimmung derjenigen Werthe der n Variablen welche ein Max. oder Min. liefern können. Es ist aber leicht u blos als Function von y bis z darzustellen, wenn die Bedingungs-Gleichungen, die Werthe von v, w, ... bis x entwickeln lassen, indem man dann diese für v, w .... bis x entwickelten, durch y .... z ausgedrückten Werthe in

$$u = \varphi\,(v, w, \ldots\ldots x, y, \ldots\ldots z)$$

substituirt, und so

$$u = \varphi\,(y, \ldots\ldots z)$$

erhält, wo dann ganz nach I zu verfahren ist. Die Untersuchung ist also nur für die Fälle erforderlich, wo aus den n — m Bedingungs-Gleichungen die Werthe der n — m Variablen v, w, ... x nicht zu entwickeln sind.

In solchen Fällen entnehme man aus den n — m Bedingungs-Gleichungen, folgende

$$o = dP = \frac{dP}{dv} dv + \frac{dP}{dw} dw + \ldots + \frac{dP}{dx} . dx + \frac{dP}{dy} k + \ldots + \frac{dP}{dz} . r$$

$$o = dQ = \frac{dQ}{dv} . dv + \ldots\ldots\ldots\ldots\ldots\ldots + \frac{dQ}{dz} . r$$

$$o = dQ = \frac{dR}{dv} . dv + \ldots\ldots\ldots\ldots\ldots\ldots + \frac{dR}{dz} . r$$

u. s. w.

und substituire in sie die obigen n — m Werthe für dv, dw, ... bis dx, so nehmen die n — m Gleichungen für dP, dQ u. s. w. folgende Form an:

$$o = A . k + \ldots\ldots + M . r$$
$$o = A' . k + \ldots\ldots + M' . r$$
$$o = A'' . k + \ldots\ldots + M'' . r$$

u. s. w.

wo jede dieser n — m Gleichungen, m Glieder enthält. Es geschieht aber diesen n — m Gleichungen für alle Werthe der m willkührlichen Aenderungen k, ... bis r Genüge, für $A = o; \ldots\ldots M = o;$

$$A' = o; \ldots\ldots M' = o$$
$$A'' = o; \ldots\ldots M'' = o$$

u. s. w.

und aus diesen (n — m) . m Gleichungen sind die Werthe der (n — m) . m ersten Ableitungen

$$\frac{dv}{dy}, \ldots\ldots \frac{dv}{dz}$$

$$\frac{dw}{dy}, \ldots\ldots \frac{dw}{dz}$$

$$\ldots\ldots\ldots$$

$$\ldots\ldots\ldots$$

$$\frac{dx}{dy}, \ldots\ldots \frac{dx}{dz}$$

ausgedrückt, durch $\frac{dP}{dv} \ldots\ldots \frac{dP}{dz}$;

$\frac{dQ}{dv}, \ldots\ldots \frac{dQ}{dz}$; $\frac{dR}{dv} \ldots\ldots \frac{dR}{dz}$; u. s. w.

zu entwickeln. Dieß setze man dann in die $n - m$ Ausdrücke für dv, $dw \ldots$ bis dx, so werden sie als bestimmt durch $\frac{dP}{dv} \ldots\ldots \frac{dR}{dz}$ u. s. w. und k bis r erscheinen.

Nun ist aber ferner

$$du = \frac{du}{dv}.dv + \frac{du}{dw}.dw + \ldots + \frac{du}{dx}.dx$$
$$+ \frac{du}{dy}.k + \ldots\ldots + \frac{du}{dz}.r,$$

und setzt man hier hinein die so eben gefundenen Ausdrücke für $dv \ldots$ bis dx so erhält man eine m gliedriche Gleichung von der Form

$$du = \mathfrak{A}.k + \ldots\ldots + \mathfrak{M}.r$$

in welcher $\mathfrak{A} \ldots$ bis $\mathfrak{M}$ als Functionen der immer leicht zu bestimmenden ersten Ableitungen

$$\frac{dP}{dv} \ldots\ldots \text{bis } \frac{dP}{dz}$$

$$\frac{dQ}{dv} \ldots\ldots \text{bis } \frac{dQ}{dz}$$

$$\frac{dR}{dv} \ldots\ldots \text{bis } \frac{dR}{dz}$$

$$\ldots\ldots\ldots$$

$$\ldots\ldots\ldots,$$ und

$$\frac{du}{dv} \ldots\ldots \text{ bis } \frac{du}{dz}$$

erscheinen.

Nun ist aber, wenn u wirklich als Funktion der m willkührlich Variablen y .... z ausgedrückt wäre

$$du = \left|\frac{du}{dy}\right| . k + \ldots\ldots + \left|\frac{du}{dz}\right| . r$$

und aus der Vergleichung dieser Gleichung mit der

$$du = \mathfrak{A} . k + \ldots\ldots + \mathfrak{M} . r$$

erhellet nach I, daß man die partiellen Ableitungen

$$\left|\frac{du}{dy}\right| = \mathfrak{A} = 0$$

u. s. w. bis endlich

$\left|\frac{du}{dz}\right| = \mathfrak{M} = 0$ setzen muß,

um die Bedingung des Max. oder Min. zu erfüllen.

Diese m Gleichungen

$$\mathfrak{A} = 0 \text{ bis } \mathfrak{M} = 0$$

verbunden mit den n — m Bedingungsgleichungen geben dann die erforderlichen n Gleichungen, aus welchen die gesuchten Werthe für die n Variablen v bis z zu entwickeln sind. Aus $\left|\frac{du}{dy}\right| = \mathfrak{A}, \ldots\ldots \left|\frac{du}{dz}\right| = \mathfrak{M}$ ergeben sich dann $\left|\frac{d^2u}{dy^2}\right|$ u. s. w. und die Beurtheilung ob ein Max. oder ein Min. gefunden ist, erfolgt wie in I.

§. 14.

Zusatz.

Um die Ansicht des im vor. §. angegebenen allgemeinen Ganges der Arbeit zu erleichtern, auch um einen bequemern Weg der Ausführung daraus abzuleiten, soll der besondere Fall hier noch vorgenommen werden, wo eine entwickelte Function zweier Variablen, $u = \varphi(x, y)$ ein Max. oder Min. werden soll, wenn zugleich die unentwickelte Bedingungsgleichung

$$P = F(x, y) = 0$$

gegeben ist.

Es sei die willkührliche Aenderung von y, $= k$; die vermöge $P = 0$ davon abhängige Aenderung von x sei $= p = dx + d^2x + \ldots$ also $dx = \frac{dx}{dy} \cdot k$.

Substituirt man diesen Werth von dx in $dP = 0 = \frac{dP}{dx} \cdot dx + \frac{dP}{dy} \cdot k$, so erhält man die Gleichung: $\left[\frac{dP}{dx} \cdot \frac{dx}{dy} + \frac{dP}{dy}\right] \cdot k = 0$ und hieraus:

$$\frac{dx}{dy} = -\frac{dP}{dy} : \frac{dP}{dx}; \text{ folglich}$$

$$dx = \left[-\frac{dP}{dy} : \frac{dP}{dx}\right] \cdot k.$$

Nun ist aber

$du = \frac{du}{dx} dx + \frac{du}{dy} \cdot k$ oder, den Werth für dx gesetzt:

$$du = \left[\frac{du}{dx} \cdot \left(-\frac{dP}{dy} : \frac{dP}{dx}\right) + \frac{du}{dy}\right] \cdot k; \text{ folglich}$$

die partielle Ableitung

$$\left|\frac{du}{dy}\right| = -\frac{du}{dx} \cdot \frac{dP}{dy} : \frac{dP}{dx} + \frac{du}{dy}.$$

und setzt man diese gleich Null, so entsteht

$$\frac{du}{dy} \cdot \frac{dP}{dx} - \frac{du}{dx} \cdot \frac{dP}{dy} = 0; \; (♀)$$

aus welcher Gleichung verbunden mit der

$$F(x, y) = 0$$

die Werthe für x und y zu entwickeln sind.

Aus $\left|\frac{du}{dy}\right| = -\frac{du}{dx} \cdot \frac{dP}{dy} : \frac{dP}{dx} + \frac{du}{dy}$ ergiebt sich dann, wenn $-\frac{dP}{dy} : \frac{dP}{dx}$ für $\frac{dx}{dy}$ geschrieben wird, der Werth von $\left|\frac{d^2u}{dy^2}\right|$; und sein positiver oder negativer Werth, nachdem die für x und y gefundenen substituirt sind, zeigt an, ob ein Min. oder Max. statt findet.

Um einen bequemeren Weg der Ausführung sich zu bilden, setze man sowohl $\frac{du}{dy} : \frac{dP}{dy}$ als $\frac{du}{dx} : \frac{dP}{dx}$, welche beide Quotienten fürs Max. und Min. nach (♀ auf der vorig. Seite) einander gleich sind, jeden $= -\alpha$, so entsteht

$$\frac{du}{dy} = -\alpha \cdot \frac{dP}{dy}; \text{ und } \frac{du}{dx} = -\alpha \cdot \frac{dP}{dx}$$

$$\text{oder } \frac{du}{dy} + \frac{\alpha dP}{dy} = 0 \text{ und } \frac{du}{dx} + \frac{\alpha dP}{dx} = 0.$$

Diese beiden Gleichungen sind aber, wenn α als unveränderlich behandelt wird, einerlei mit folgenden beiden

$$\frac{d(u + \alpha P)}{dy} = 0 \text{ und } \frac{d(u + \alpha P)}{dx} = 0$$

und aus dieser Gestalt entspringt folgende einfache Regel:

Soll $u = \varphi(x, y)$ ein Max. oder Min., und zugleich die Bedingungs-Gleichung $P = F(x, y) = 0$ erfüllt werden, so setze man $u + \alpha P$ für u, behandle dann x und y als unabhängige Variable, bestimme demnach wie in I

$$\frac{d(u+\alpha P)}{dy} \text{ und } \frac{d(u+\alpha P)}{dx}$$

wobei α als constant behandelt wird, setze jede Ableitung gleich Null, eliminire dann α und entwickle aus der entstehenden Gleichung und aus $P = o$ die verlangten Werthe für x und y.

Dieses Verfahren nennt man die Multiplicatoren-Methode.

IV. Bestimmung eines Max. oder Min. für unentwickelte Functionen abhängiger Variablen.

§. 15.

Aufgabe.

Für welche Werthe der n Variablen

$$v, w, \ldots\ldots x, y, \ldots\ldots z$$

deren Aenderungen

$$p, q, \ldots\ldots t, k, \ldots\ldots r$$

heißen mögen, wird u ein Max. oder Min., wenn die unentwickelte Function

$$T = \varphi(u, v, w, \ldots\ldots x, y, \ldots\ldots z) = o$$

und $n-m$ Bedingungsgleichungen

$$P = F(v, w \ldots\ldots z) = o$$

$$Q = f(v, w \ldots\ldots z) = o$$

u. s. w.

gegeben sind?

Auflösung.

Setzt man die Anzahl der Variablen von y bis z gleich m, so kommt wie in §. 13 alles darauf an, die m partiellen ersten Ableitungen

$$\left|\frac{du}{dy}\right|, \ldots\ldots \left|\frac{du}{dz}\right|$$

unter der Bedingung zu finden, daß u blos eine Function der m Variablen y bis z sei.

Zu diesem Zwecke bestimme man

$$\frac{dv}{dy} \ldots\ldots \frac{dv}{dz}$$

$$\frac{dw}{dy} \ldots\ldots \frac{dw}{dz}$$

u. s. w.

$$\frac{dx}{dy} \ldots\ldots \frac{dx}{dz}$$

ganz so wie in §. 13.

Ferner $\frac{du}{dv}, \frac{du}{dw}, \ldots\ldots \frac{du}{dz}$ vollkommen so, wie in §. 12; setze dann in

$$du = \frac{du}{dv}.dv + \frac{du}{dw}.dw + \ldots\ldots + \frac{du}{dx}dx + \frac{du}{dy}k + \ldots\ldots + \frac{du}{dz}.r$$

die Werthe für $\frac{du}{dv}$ .... bis $\frac{du}{dz}$, und

$$\frac{dv}{dy}k + \ldots\ldots + \frac{dv}{dz}.r \text{ für } dv$$

$$\frac{dw}{dy}.k + \ldots\ldots + \frac{dw}{dz}.r \text{ für } dw$$

u. s. w.

$$\frac{dx}{dy}k + \ldots\ldots + \frac{dx}{dz}.r \text{ für } dx$$

so entsteht

$$du = Ak + \ldots\ldots + Mr$$

wo A bis M Functionen der bisher gefundenen Ableitungen sind.

Hieraus ergeben sich dann die erforderlichen m partiellen Ableitungen, nemlich

$$\left|\frac{du}{dy}\right| = A; \text{ bis } \ldots\ldots \left|\frac{du}{dz}\right| = M$$

welche, jede gleich Null gesetzt, die m Bedingungen des Max. oder Min. liefern, die mit den gegebenen $1 + n - m$ Gleichungen $T = 0$; $P = 0$; $Q = 0$ u. s. w. verbunden, die nothwendigen $n + 1$ Gleichungen sind, aus denen die Werthe der $n + 1$ Variablen u, v... bis z, von welchen die letzteren n, nemlich die v, bis z, für u ein Max. oder Min. geben, entwickelt werden müssen.

Zweiter Abschnitt.

Aufgaben zu Bestimmung eines Max. oder Min.

§. 16.

Aufgabe.

Einen gegebenen Winkel α in einen gegebenen Kreis so als Peripherie-Winkel einzutragen, daß die Summe u der Sehnen, welche abgeschnittene Stücke der Schenkel von α sind, ein Max. oder Min. werde.

Auflösung.

Der Halbmesser des gegebenen Kreises sei $= r$; mit dem durch die Spitze von α gezogenen Durchmesser bilde der eine Schenkel den zu bestimmenden Winkel x, also der andere den $\alpha - x$ (Fig. 1) so ist $AB = 2r \operatorname{Cos} x$; $AC = 2r \operatorname{Cos}(\alpha - x)$: und
$u = \varphi x = 2r \operatorname{Cos} x + 2r \operatorname{Cos}(\alpha - x)$ soll ein Max. oder Min. werden. Man erhält

$$\frac{du}{dx} = \varphi' x = 2r \left[- \operatorname{Sin} x + \operatorname{Sin}(\alpha - x)\right]$$

und $\varphi' x = 0$ giebt

$$\operatorname{Sin}(\alpha - x) = \operatorname{Sin} x$$

woraus $\alpha - x = x$ und hieraus

$$x = \frac{\alpha}{2} \text{ folgt.}$$

Da nun

$\varphi'' x = 2r\,[- \mathrm{Cos}\, x - \mathrm{Cos}\,(\alpha - x)]$; also

$\varphi'' \frac{\alpha}{2} = - 4r\, \mathrm{Cos}\, \frac{\alpha}{2}$ ist, so wird u für $x = \frac{\alpha}{2}$ ein Max. und die Größe dieses Max. ist

$$= 4r\, \mathrm{Cos}\, \frac{\alpha}{2}.$$

§. 17.

Aufgabe.

Einen gegebenen Winkel α in einem gegebenen Kreise so als Peripheriewinkel einzutragen, daß das Product u der Sehnen, welche abgeschnittene Stücke der Schenkel von α sind, ein Max. oder Min. werde.

Auflösung.

Der Halbmesser des gegebenen Kreises sei $= r$; mit dem durch die Spitze von α gezogenen Durchmesser bilde der eine Schenkel AB (Fig. 1) den Winkel x; also der andere AC den $\alpha - x$, so ist

$$u = \varphi x = 4r^2\, \mathrm{Cos}\, x\, \mathrm{Cos}\,(\alpha - x)$$

$$\varphi' x = \mathrm{Cos}\, x\, \mathrm{Sin}\,(\alpha - x) - \mathrm{Cos}\,(\alpha - x)\, \mathrm{Sin}\, x$$

$$= \mathrm{Sin}\,(\alpha - 2x)$$

und aus $\varphi' x = 0$ folgt

$$x = \frac{\alpha}{2}.$$

Da nun $\varphi'' x = - 2\, \mathrm{Cos}\,(\alpha - 2x)$; also

$$\varphi'' \frac{\alpha}{2} = - 2\, \mathrm{Cos}\, 0 = - 2 \text{ ist,}$$

so ist u für $x = \frac{\alpha}{2}$ ein Max. und seine Größe ist $= \left(2r \operatorname{Cos} \frac{\alpha}{2}\right)^2$.

§. 18.

Aufgabe.

Einen gegebenen Winkel α in einem gegebenen Kreise so als Peripherie-Winkel einzutragen, daß der Inhalt u des Kreisstücks, welches zwischen den Schenkeln von α und den von ihnen abgeschnittenen Bogen liegt, also der Raum CAB (Fig. 1) ein Max. oder Min. werde.

Auflösung.

Der Halbmesser des gegebenen Kreises sei $= r$; mit dem durch die Spitze von α gezogenen Durchmesser bilde der eine Schenkel AB den Winkel x, also der andere AC den $\alpha - x$, so ist, wenn man die Halbmesser BM, CM zieht, der Winkel CMB $= 2\alpha$ (die Winkel durchaus im Längenmaaß, für den Halbmesser $= 1$ verstanden) also der Kreisausschnitt CMB $= r^2\alpha$, dann das Dreieck AMB $= r^2 \operatorname{Sin} x \operatorname{Cos} x$ und das AMC $= r^2 \operatorname{Sin}(\alpha - x) \operatorname{Cos}(\alpha - x)$ folglich

$$u = \varphi x = r^2 [\alpha + \operatorname{Sin} x \operatorname{Cos} x + \operatorname{Sin}(\alpha - x) \operatorname{Cos}(\alpha - x)]$$
$$= \tfrac{1}{2} r^2 [2\alpha + \operatorname{Sin} 2x + \operatorname{Sin}(2\alpha - 2x)]$$

also

$$\varphi' x = r^2 [\operatorname{Cos} 2x - \operatorname{Cos}(2\alpha - 2x)]$$

und

$$\varphi'' x = 2r^2 [- \operatorname{Sin} 2x - \operatorname{Sin}(2\alpha - 2x)].$$

Aus $\varphi' x = 0$ folgt nun

$$2x = 2\alpha - 2x$$

also $\quad x = \frac{\alpha}{2}$ und dann

$\varphi'' \frac{\alpha}{2} = - 4 r^2 \operatorname{Sin} \alpha$, so daß also u für $x = \frac{\alpha}{2}$, ein Max. ist. Die Größe des Max. erhält man

$$= r^2 [\alpha + \operatorname{Sin} \alpha].$$

§. 19.

Aufgabe.

Unter allen Kugelabschnitten vom Inhalt a^3 die Abmessungen desjenigen zu finden, dessen Oberfläche u ein Max. oder Min. ist.

Auflösung.

Der Halbmesser der Kugel sei $= x$; die Höhe des Kugelabschnitts $= y$, so ist nach bekannten Formeln

die Calotte $= 2 x \pi y$,

die begränzende Kreis-Ebene $= y (2x - y) \pi$; der Inhalt des Kugel-Abschnitts $= \frac{1}{3} \pi y^2 (3x - y)$ (wo π immer die Zahl 3,1415.... bezeichnet) folglich

$$1)\ \tfrac{1}{3} \pi y^2 (3x - y) = a^3;$$

$$2)\ u = 2 x \pi y + y (2x - y) \pi.$$

Entwickelt man x aus 1, und setzt den Werth in 2, so entsteht

$$u = \varphi y = \frac{4 a^3}{y} + \frac{\pi}{3} \cdot y^2$$

und hieraus

$$\varphi' y = - \frac{4 a^3}{y^2} + \frac{2 \pi}{3} y$$

$$\varphi'' y = \frac{8 a^3}{y^3} + \frac{2 \pi}{3}.$$

Aus $\varphi' y = 0$ ergiebt sich dann

$$y = a \,.\, \sqrt[3]{\frac{6}{\pi}} \text{ und}$$

$$\varphi''\left(a \sqrt[3]{\frac{6}{\pi}}\right) = + 2\pi.$$

Es ist demnach für $y = a \sqrt[3]{\frac{6}{\pi}}$; die Oberfläche des Kugel-Abschnitts ein Min.

Zu $y = a \sqrt[3]{\frac{6}{\pi}}$ ergiebt sich noch

$$x = \frac{a}{2} \sqrt[3]{\frac{6}{\pi}};\ \text{d. h.}$$

es ist $y = 2x$; oder es entsteht die ganze Kugel.

§. 20.

Aufgabe.

Unter allen Kugel-Ausschnitten vom Inhalt a^3; die Abmessungen desjenigen zu bestimmen, dessen Oberfläche u ein Max. oder Min. ist.

1te Auflösung.

Es bezeichne x den Halbmesser der Kugel, y die Höhe des zum gesuchten Kugel-Ausschnitt gehörigen Kugel-Abschnitts, so ist der Inhalt des Kugel-Ausschnitts

$$= \tfrac{2}{3} x^2 \pi y;\ \text{die Calotte} = 2xy\pi$$

und der den Kugel-Ausschnitt begränzende Kegelmantel

$$= \pi x \sqrt{2xy - y^2}$$

und es entstehen die Gleichungen

1) $\frac{2}{3} \pi x^2 y = a^3$

2) $u = 2\pi xy + \pi x \sqrt{2xy - y^2}$

Aus 1) ist $y = \frac{3a^3}{2\pi x^2}$ und setzt man diesen Werth in 2, so entsteht

$$3)\ u = \frac{6a^3 + \sqrt{12\pi a^3 x^3 - 9a^6}}{2x};$$

und hieraus

$$4)\ \frac{du}{dx} = \frac{3a^3}{2} \cdot \frac{2\pi x^3 + 3a^3 - 2.\sqrt{12\pi a^3 x^3 - 9a^6}}{x^2.\sqrt{12\pi a^3 x^3 - 9a^6}}$$

Setzt man nun $\frac{du}{dx} = 0$ und ordnet diese Gleichung nach x, so erhält man

$$5)\ x^6 - \frac{9a^3}{\pi} x^3 + \frac{45.a^6}{4\pi^2} = 0$$

und die beiden reellen Wurzeln dieser Gleichung sind

$$6)\ x = a \sqrt[3]{\frac{15}{2\pi}}$$

$$7)\ x = a \sqrt[3]{\frac{3}{2\pi}}$$

Zu 6) gehört

$$8)\ y = \tfrac{1}{5}\, a \sqrt[3]{\frac{15}{2\pi}} = \tfrac{1}{5}\, x$$

zu 7, aber

$$9)\ y = a \sqrt[3]{\frac{3}{2\pi}} = x.$$

Aus 4, erhält man, für die Werthe von x in 6, und 7; welche den Zähler zu Null machen,

$$10)\ \frac{d^2 u}{dx^2} = 3\pi \cdot \frac{\sqrt{12\pi a^3 x^3 - 9a^6} - 6a^3}{4\pi x^3 - 3a^3}$$

welcher Ausdruck $= + \frac{\pi}{3}$ wird, für $x = a \sqrt[3]{\frac{15}{2\pi}}$; aber den Werth $- 3\pi$ liefert, für $x = a \sqrt[3]{\frac{3}{2\pi}}$. Es ist dem-

nach

nach u ein Min. für $x = a\sqrt[3]{\frac{15}{2\pi}}$ und u ein Max. für $x = a\sqrt[3]{\frac{3}{2\pi}}$ d. h. für die Halbkugel.

Im ersten Fall ist $u = \frac{15a^2}{2} \cdot \sqrt[3]{\frac{2\pi}{15}}$

Im 2ten Fall ist $u = \frac{9a^2}{2} \cdot \sqrt[3]{\frac{2\pi}{3}}$

2te Auflösung.

Man suche nach §. 14 die Werthe für x und y welche

$P = 2\pi xy + \pi x \cdot \sqrt{2xy - y^2} + \alpha(\frac{2}{3}\pi x^2 y - a^3)$ zu einem Max. oder Min. machen. Es entsteht sogleich

$$3x - y + 2\sqrt{2xy - y^2} = -\tfrac{4}{3}\alpha x \text{ und}$$
$$x - y + 2\sqrt{2xy - y^2} = -\tfrac{2}{3}\alpha x$$

und hieraus, wenn man α eliminirt

$$x + y = 2\sqrt{2xy - y^2} \text{ oder}$$
$$x^2 - 6xy + 5y^2 = 0; \text{ oder auch:}$$
$$(x - y)(x - 5y) = 0$$

woraus entweder $x = 5y$ oder $x = y$ folgt. Dieß substituirt in $\frac{2}{3}\pi x^2 y = a^3$ giebt sogleich die beiden in der 1ten Auflösung gefundenen Resultate.

§. 21.

Aufgabe.

Durch einen in der Achse einer Parabel gegebenen Punkt die Sehne zu legen, welche ein Max. oder Min. ist.

Auflösung.

Die Abscisse des Punktes sei $= a$; die zugehörige rechtwinklichte Ordinate $= b$; der Scheitelpunkt der

Parabel sei Anfangspunkt der Abscissen, p der Parameter, also $b^2 = pa$. Der Winkel welchen die gesuchte Sehne mit der Achse bildet sei $= x$ (Fig. 2.) die Stücke der Sehne, rechts und links der Achse sollen y, z heißen: so hat man:

1) $(y \operatorname{Sin} x)^2 = p\,[a - y \operatorname{Cos} x]$

2) $(z \operatorname{Sin} x)^2 = p\,[a + z \operatorname{Cos} x]$

Aus 1) folgt:

$$3)\ y = \frac{b}{2a} \cdot \frac{-b \operatorname{Cos} x + \sqrt{b^2 + (4a^2 - b^2) \operatorname{Sin} x^2}}{\operatorname{Sin} x^2}$$

Aus 2) aber

$$4)\ z = \frac{b}{2a} \cdot \frac{b \operatorname{Cos} x + \sqrt{b^2 + (4a^2 - b^2) \operatorname{Sin} x^2}}{\operatorname{Sin} x^2}$$

und also ist die Sehne $y + z$, oder

$$5)\ \varphi x = \frac{b}{a} \cdot \frac{\sqrt{b^2 + (4a^2 - b^2) \operatorname{Sin} x^2}}{\operatorname{Sin} x^2}$$

und es kommt also darauf an, den Werth des x zu finden, für welchen

$$6)\ Fx = \frac{b^2 + (4a^2 - b^2) \operatorname{Sin} x^2}{\operatorname{Sin} x^4}$$

ein Max. oder Min. wird.

Es ergiebt sich

$$7)\ F'x = 2 \operatorname{Cos} x \cdot \frac{(b^2 - 4a^2) \operatorname{Sin} x^2 - 2b^2}{\operatorname{Sin} x^5}$$

und dieser Ausdruck wird zu Null sowohl für $\operatorname{Cos} x = 0$; oder $x = \frac{1}{2}\pi$ als auch für $\operatorname{Sin} x^2 = \frac{2b^2}{b^2 - 4a^2}$ welcher Bruch aber unächt ist, so daß also dieser Werth für $\operatorname{Sin} x$ der Aufgabe nicht zugehören kann.

Für $x = \frac{1}{2}\pi$ ist

8) $F''x = + 2\,(4a^2 + b^2)$; folglich

9) $\varphi\,(\frac{1}{2}\pi) = 2b$ ein Min.

§. 22.

Aufgabe.

In einem, durch eine auf die Achse normale Sehne abgeschnittenen, parabolischen Segment, das größte rechtwinklichte Parallelogramm anzugeben.

Auflösung.

Bei den in Fig. 3 angedeuteten Bezeichnungen, ist der Parameter der Parabel $= \frac{b^2}{a}$ also $y^2 = \frac{b^2}{a} \cdot x$ und der Inhalt F des Rechtsecks $= (a-x) \cdot 2y$ oder

$$F = 2 \cdot \left[a - \frac{a y^2}{b^2}\right] \cdot y$$

$$= \frac{2a}{b^2} \cdot [b^2 y - y^3]$$

und es ist also der Werth von y zu bestimmen, für welchen $\varphi y = b^2 y - y^3$ ein Max. wird.

Man erhält

$$\varphi' y = b^2 - 3 y^2$$

$$\varphi'' y = - 6y$$

und aus $\varphi' y = o$ ergiebt sich

$$y = b \cdot \sqrt{\tfrac{1}{3}};\ x = \frac{a}{3}$$

$$F = \tfrac{4}{3}\, ab \cdot \sqrt{\tfrac{1}{3}}$$

und $\varphi''(b \sqrt{\tfrac{1}{3}}) = -$; so daß also

$$F = \tfrac{4}{3}\, ab \cdot \sqrt{\tfrac{1}{3}} \text{ ein Max. ist.}$$

§. 23.

Aufgabe.

In einem, durch eine auf die Achse normale Sehne, abgeschnittenen, parabolischen Segment, das rechtwinklichte Parallelogramm vom größten Umfang anzugeben.

Auflösung.

Bei der Bezeichnung Fig. 3 ist der Umfang P $= 4y + 2(a - x)$;

aber $x = \frac{ay^2}{b^2}$ (s. vor. Aufg.); daher

$P = 4y + 2a - \frac{2a}{b^2} \cdot y^2$ und

$dP = 4 - \frac{4a}{b^2} \cdot y.$

Aus $dP = 0$ folgt $y = \frac{b^2}{a}$ = dem Parameter der Parabel; und da

$d^2P = - \frac{4a}{b^2}$ ist, so ist also der Umfang am größten für $y = \frac{b^2}{a}$ und $x = \frac{b^2}{a}$ und die Größe dieses P ist $= \frac{2(a^2 + b^2)}{a}$.

§. 24.

Aufgabe.

Aus einem gegebenen Punkt des Umfangs einer Parabel eine Sehne durch die Achse zu legen, welche ein Max. oder Min. ist.

Auflösung.

Die Achsen-Abscisse des gegebenen Punkts, vom Scheitel aus gemessen sei $= a$; die rechtwinklichte Ordinate $= b$; der gesuchte Winkel $= x$; (Fig. 4) die gesuchte Sehne $= y$, so hat man den Parameter $p = \frac{b^2}{a}$; und

$(y \operatorname{Cos} x - b)^2 = p \cdot (a - y \operatorname{Sin} x)$ also

$$y = \frac{2b \operatorname{Cos} x - p \operatorname{Sin} x}{\operatorname{Cos} x^2}; \text{ oder}$$

$$= \frac{b}{a} \cdot \frac{2a \operatorname{Cos} x - b \operatorname{Sin} x}{\operatorname{Cos} x^2}; \text{ folglich}$$

1) $\varphi x = \dfrac{2a \operatorname{Cos} x - b \operatorname{Sin} x}{\operatorname{Cos} x^2}$ gesetzt,

$$\varphi' x = \frac{-2a \operatorname{Sin} x \operatorname{Cos} x^2 - b \operatorname{Cos} x^3 + (2a \operatorname{Cos} x - b \operatorname{Sin} x) 2 \operatorname{Cos} x \operatorname{Sin} x}{\operatorname{Cos} x^4}$$

$$= \frac{2a \operatorname{Sin} x \operatorname{Cos} x - b \operatorname{Cos} x^2 - 2b \operatorname{Sin} x^2}{\operatorname{Cos} x^3} \text{ oder}$$

$$\varphi' x = \frac{a \operatorname{Sin} 2x - b - b \frac{1 - \operatorname{Cos} 2x}{2}}{\operatorname{Cos} x^3} \text{ oder auch}$$

2) $\varphi' x = \dfrac{1}{\operatorname{Cos} x^3} \cdot [2a \operatorname{Sin} 2x - 3b + b \operatorname{Cos} 2x]$

Aus $\varphi' x = 0$; oder

$b \operatorname{Cos} 2x = 3b - 2a \operatorname{Sin} 2x$ folgt

$b^2 - b^2 \operatorname{Sin} 2x^2 = 9b^2 - 12ab \operatorname{Sin} 2x + 4a^2 \operatorname{Sin} 2x^2$

und hieraus:

3) $\operatorname{Sin} 2x = 2b \cdot \dfrac{3a \pm \sqrt{a^2 - 2b^2}}{4a^2 + b^2}$

Eben so, aus $\varphi' x = 0$:

4) $\operatorname{Cos} 2x = \dfrac{3b^2 \mp 4a \sqrt{a^2 - 2b^2}}{4a^2 + b^2}$

(Die Stellung der Zeichen $+$, $-$, entspricht der Formel $\operatorname{Sin}^2 + \operatorname{Cos}^2 = 1$).

Nun folgt aus 2) für die Werthe von x, welche $\varphi' x$ zu Null machen:

5) $\varphi'' x = \dfrac{2}{\operatorname{Cos} x^3} \cdot [2a \operatorname{Cos} 2x - b \operatorname{Sin} 2x]$

und da nur von Sehnen die Rede ist, welche die Achse durchschneiden, so daß also sowohl das positive, wie das negative x immer kleiner wie $\frac{1}{2}\pi$, also Cos x immer positiv bleibt, so hängt der positive oder negative Werth des $\varphi''x$ bloß von dem des Factors

$$P = 2a \, Cos\, 2x - b \, Sin\, 2x \text{ ab.}$$

Es ergiebt sich aber für die obern Zeichen der Werthe Cos 2 x und Sin 2 x

$$P = -2\sqrt{a^2 - 2b^2}$$

und für die untern Zeichen

$$P = +2\sqrt{a^2 - 2b^2}$$

und demnach ist also die Sehne y ein Max. für $Cos\, 2x = \frac{3b^2 - 4a\sqrt{a^2 - 2b^2}}{4a^2 + b^2}$; ein Min. aber, für

$$Cos\, 2x = \frac{3b^2 + 4a\sqrt{a^2 - 2b^2}}{4a^2 + b^2}.$$

Beide finden nur statt, wenn $a^2 > 2b^2$ ist. Für $a^2 = 2b^2$ fallen beide zusammen.

Beispiel. Es sei $b = 6$; $a = 9$ so erhält man fürs Max.

$Cos\, 2x = 0$; also $2x = \frac{1}{2}\pi$
daher $x = \frac{1}{4}\pi$ oder 45°
und die Sehne $= \frac{2}{3} \cdot 16,97056 \ldots$
für $x = 46^\circ$ ist sie $= \frac{2}{3} \cdot 16,9678 \ldots$
und für $x = 44^\circ$ ist sie $= \frac{2}{3} \cdot 16,9682 \ldots$

Fürs Min. entsteht aber

$Cos\, 2x = \frac{3}{5}$; also
$2x = 53^\circ\, 8'$ beinahe, und
$x = 26^\circ\, 34'$
die zugehörige Sehne aber $= \frac{2}{3} \cdot 16,7705 \ldots$
für $x = 27^\circ$ ist sie $= \frac{2}{3} \cdot 16,77075 \ldots$
und für $x = 26^\circ$ ist sie $= \frac{2}{3} \cdot 16,77072 \ldots$

§. 25.

Aufgabe.

Im Durchmesser DE Fig. 5 eines Halbkreises zum Mittelpunkt M sind zwei Punkte A, B gegeben; man soll den Punkt C in der Peripherie bestimmen, für welchen der Winkel BCA ein Max. oder Min. wird.

Auflösung.

Der Halbmesser des Kreises sei $= r$; $MA = a$; $MB = b$; $\angle\, CME = x$; $MCA = y$; $MCB = z$; so hat man

$$(r - a \operatorname{Cos} x) \operatorname{Tg} y = a \operatorname{Sin} x \text{ und}$$

$$(r + b \operatorname{Cos} x) \operatorname{Tg} z = b \operatorname{Sin} x \text{ also}$$

1) $\operatorname{Tg} y = \frac{a \operatorname{Sin} x}{r - a \operatorname{Cos} x}$

2) $\operatorname{Tg} z = \frac{b \operatorname{Sin} x}{r + b \operatorname{Cos} x}$ folglich

3) $BCA = y + z = \varphi x =$

$$\operatorname{Arc} \operatorname{Tg} \frac{a \operatorname{Sin} x}{r - a \operatorname{Cos} x} + \operatorname{Arc} \operatorname{Tg} \frac{b \operatorname{Sin} x}{r + b \operatorname{Cos} x}$$

und hieraus durch Anwendung der Formel

$$d \operatorname{Arc} \operatorname{Tg} fx = \frac{dfx}{1 + (fx)^2};$$

4) $\varphi' x = \frac{a r \operatorname{Cos} x - a^2}{a^2 + r^2 - 2 a r \operatorname{Cos} x} + \frac{b r \operatorname{Cos} x + b^2}{b^2 + r^2 + 2 b r \operatorname{Cos} x}$;

dann auch

5) $\varphi'' x = -r \operatorname{Sin} x \left[\frac{a(r^2 - a^2)}{[a^2 + r^2 - 2ar \operatorname{Cos} x]^2} + \frac{b(r^2 - b^2)}{[b^2 + r^2 - 2br \operatorname{Cos} x]^2} \right]$.

Aus $\varphi' x = 0$ folgt aber sogleich

6) $\operatorname{Cos} x = \frac{(a - b) r}{r^2 - ab}$

und für diesen Werth von $\operatorname{Cos} x$, aus 5,

7) $\varphi'' x = - r \operatorname{Sin} x \cdot \frac{(r^2 - ab)^3 (a+b)}{(r^2 + ab)^2 (r^2 - a^2)(r^2 - b^2)}$

so daß also $\angle$ BCA für $\operatorname{Cos} x = \frac{(a-b)r}{r^2 - ab}$ ein Maximum ist.

Es ergeben sich nun auch noch

$$AC^2 = \frac{(r^2 + ab)(r^2 - a^2)}{r^2 - ab}$$

$$BC^2 = \frac{(r^2 + ab)(r^2 - b^2)}{r^2 - ab}; \text{ also}$$

$$AC : BC = \sqrt{r^2 - a^2} : \sqrt{r^2 - b^2};$$

ferner, aus $BA^2 = AC^2 + BC^2 - 2\,AC \,.\, BC \,.\, \operatorname{Cos} BCA$ der Werth für Cos BCA und aus diesen der Werth für Sin BCA; nemlich

$$\operatorname{Sin} BCA = \operatorname{Sin}(y+z) = \frac{r(a+b)}{r^2 + ab}$$

so daß also die Größe des Max.

$$= \operatorname{Arc\,Sin} \frac{r(a+b)}{r^2 + ab} \text{ ist.}$$

§. 26.

Aufgabe.

Im Durchmesser DE eines Halbkreises (Fig. 6) sind 2 Punkte A, B gegeben; man soll den Punkt C in der Peripherie bestimmen, für welchen die Summe BC + CA ein Max. oder Min. wird.

Auflösung.

M sei der Mittelpunkt des Kreises und Winkel CMA = x; so hat man

$$AC = y = \sqrt{a^2 + r^2 - 2ar\operatorname{Cos} x} \text{ und}$$

$$BC = z = \sqrt{b^2 + r^2 + 2br\operatorname{Cos} x} \text{ also}$$

1) $y + y = \varphi x = \sqrt{a^2 + r^2 - 2ar\operatorname{Cos} x} + \sqrt{b^2 + r^2 + 2br\operatorname{Cos} x}$

und hieraus

2) $\varphi' x = \frac{a r \text{Sin} x}{y} - \frac{b r \text{Sin} x}{z}$

dann

3) $\varphi'' x = \frac{a z - b y}{y z} r \text{Cos} x - \frac{a^2 z^3 + b^2 y^3}{y^3 . z^3} r^2 \text{Sin} x^2.$

Aus $\varphi' x = 0$ folgt

4) $a z = b y$ oder

$a : b = AC : BC$ so daß also

$\angle MCA = MCB$ sein muß, wenn

$BC + CA =$ Max. oder Min. werden soll. Entwickelt man Cos x aus $a z = b y$ indem man die Werthe für y und z substituirt, so ergiebt sich

5) $\text{Cos } x = r . \frac{b - a}{2 a b}$ und aus 3) für diesen Werth von Cos x, d. h. für $a z = b y$ folgt.

6) $\varphi'' x = - \frac{a^2 r^2 (a + b) \text{Sin} x^2}{b . y^3}$

so daß also, für $\text{Cos } x = \frac{r . (b - a)}{2 a b}$; $\varphi x = AC + BC$ ein Max. ist. Die Größe des Max. erhält man

$$= (a + b) . \sqrt{\frac{a b + r^2}{a b}}.$$

Aus $\varphi' x = 0$ folgt auch noch

7) $\text{Sin } x = 0$; und hieraus

8) $x = 0$ und auch

9) $x = \pi$.

Für $x = 0$ wird

$$\varphi'' x = \frac{2 a b + (a - b) r}{(r + b)(r - a)}$$

also $AC + BC$ für $x = 0$ ein Min., wenn $a > b$, und auch, wenn $a < b$; aber $2 a b > (b - a) r$ ist;

ein Max. aber, wenn $a < b$ und zugleich $2ab < (b-a)r$ ist.

Für $x = \pi$ wird

$$\varphi''\pi = \frac{2ab + (b-a)r}{(r+a)(r-b)};\ \text{also}$$

$AC + BC$ für $x = \pi$ ein Min. wenn $b > a$ und auch, wenn $b < a$ aber $2ab > (a-b)r$ ist; ein Max. aber, wenn $b < a$ und zugleich $2ab < (a-b)r$ ist.

§. 27.

Zusatz.

Soll $BC^2 + AC^2$ ein Max. oder Min. werden, so hat man

$$\varphi x = BC^2 + AC^2 = a^2 + b^2 + 2r^2 + 2r(b-a)\,\mathrm{Cos}\,x$$

also

$$\varphi' x = 2r(a-b)\,\mathrm{Sin}\,x$$

$$\varphi'' x = 2r(a-b)\,\mathrm{Cos}\,x$$

Aus $\varphi' x = 0$; folgt $\mathrm{Sin}\,x = 0$;

also entweder $x = 0$;

oder $x = \pi$

und $\varphi'' = 2r(a-b)$

so wie $\varphi''\pi = -2r(a-b)$

Für $x = 0$ wird also φx ein Min., wenn $a > b$; ein Max. wenn $b > a$;

Für $x = \pi$ aber wird φx ein Max. wenn $a > b$; ein Min. wenn $b > a$ ist.

§. 28.

Aufgabe.

Der Umfang eines Kreis-Ausschnittes sei $= a$; den Halbmesser x und den Mittelpunkts-Winkel y (im

Längenmaaß, für den Halbmesser = 1) der Bedingung gemäß zu bestimmen, daß der Inhalt F des Kreis-Ausschnittes ein Max. oder Min. werde.

Auflösung.

Es ist der Bogen = x . y folglich

1) $2x + xy = a$; ferner

2) $F = \frac{1}{2} x^2 y$ = Max. oder Min.

Aus 1) folgt $y = \frac{a - 2x}{x}$; daher

$\varphi x = ax - 2x^2$ = Max. oder Min.

Es ergiebt sich sogleich

aus $\varphi' x = 0$ die Gleichung

$$a - 4x = 0$$

und hieraus $x = \frac{a}{4}$

und $y = 2$

und weil $\varphi'' x = -$ entsteht, so ist also der Inhalt des Kreis-Ausschnitts für $x = \frac{a}{2}$ und $y = 2$ ein Max.

Die Größe des Max. ist $= \left(\frac{a}{2}\right)^2$ = dem Quadrat des halben Umfangs.

§. 29.

Aufgabe.

Der Umfang eines Kreis Abschnittes sei = a; den Halbmesser x und den Winkel 2 y der Bedingung gemäß zu bestimmen, daß der Inhalt F ein Max. oder Min. werde.

Auflösung.

Der Bogen ist = $2xy$; die Sehne = $2x \operatorname{Sin} y$;

der Ausschnitt $= x^2 y$; das Dreieck $= x^2 \operatorname{Sin} y \operatorname{Cos} y$ folglich die Bedingungen:

1) $2xy + 2x \operatorname{Sin} y = a$

2) $F = x^2 y - x^2 \operatorname{Sin} y \operatorname{Cos} y =$ Max. oder Min.

Aus 1) folgt

$x = \frac{a}{2} \cdot \frac{1}{y + \operatorname{Sin} y}$; und diesen Werth in 2) gesetzt, so entsteht

$F = \frac{a^2}{4} \cdot \frac{y - \operatorname{Sin} y \operatorname{Cos} y}{(y + \operatorname{Sin} y)^2}$ und es ist der Werth von y zu suchen, für welchen

$\varphi y = \frac{y - \operatorname{Sin} y \operatorname{Cos} y}{(y + \operatorname{Sin} y)^2}$ ein Max. oder Min. wird. Es entsteht

$$\varphi' y = 2 \cdot \frac{(y + \operatorname{Sin} y) \operatorname{Sin} y^2 - (y - \operatorname{Sin} y \operatorname{Cos} y)(1 + \operatorname{Cos} y)}{(y + \operatorname{Sin} y)^3}$$

$$= 2 \cdot \frac{y \operatorname{Sin} y^2 - y - y \operatorname{Cos} y + \operatorname{Sin} y . \operatorname{Cos} y + \operatorname{Sin} y}{(y + \operatorname{Sin} y)^3}$$

$$= 2 \cdot \frac{y(1 + \operatorname{Cos} y)(1 - \operatorname{Cos} y) - y(1 + \operatorname{Cos} y) + \operatorname{Sin} y (1 + \operatorname{Cos} y)}{(y + \operatorname{Sin} y)^3}$$

$$= \frac{2(1 + \operatorname{Cos} y)[\operatorname{Sin} y - y \operatorname{Cos} y]}{(y + \operatorname{Sin} y)^3}$$

und es wird $\varphi' y = 0$

1tens für $1 + \operatorname{Cos} y = 0$

2tens für $\operatorname{Sin} y - y \operatorname{Cos} y = 0$

Aus $1 + \operatorname{Cos} y = 0$ folgt

$$\operatorname{Cos} y = -1$$

also $y = \pi$

und dann $x = \frac{a}{2\pi}$

Aus $\operatorname{Sin} y - y \operatorname{Cos} y = 0$ folgt

$$y = \operatorname{Tg} y$$

welcher Gleichung sowohl $y = 0$ als auch der Werth von y entspricht, dessen Winkel in Graden $= 257^\circ\ 27'\ 13''$ (beinahe) ist. Beide Werthe genügen der Aufgabe nicht, weil für beide kein Kreis-Abschnitt entsteht, so wenig für $2y$ zum Winkel 0; als für $2y$ zum Winkel $514^\circ\ 54'\ 26''$.

Es kann also nur ein Max. oder Min. statt finden, für $y = \pi$ oder $2y = 2\pi$ und $x = \frac{a}{2\pi}$ welche Werthe die ganze Kreis-Ebene liefern.

Da nun, aus

$$\varphi' y = \frac{2(1 + \operatorname{Cos} y)(\operatorname{Sin} y - y \operatorname{Cos} y)}{(y + \operatorname{Sin} y)^3};$$

für diejenigen Werthe von y, welche $\varphi' y$ zu machen, folgt:

$$\varphi'' y = 2 \cdot \frac{(1 + \operatorname{Cos} y) y \operatorname{Sin} y - (\operatorname{Sin} y - y \operatorname{Cos} y) \operatorname{Sin} y}{(y + \operatorname{Sin} y)^3} \, 4$$

$$= 2 \cdot \frac{\operatorname{Sin} y \cdot [y + 2y \operatorname{Cos} y - \operatorname{Sin} y]}{(y + \operatorname{Sin} y)^3}; \text{ also}$$

$$\varphi'' \pi = 2 \cdot \frac{0 \cdot (\pi - 2\pi)}{\pi^3} = - 0,$$

so ist demnach, für $y = \pi$ und $x = \frac{a}{2\pi}$ ein Max. gefunden, dessen Größe $= \frac{a^2}{4\pi}$ ist.

§. 30.

Aufgabe.

Es schneiden sich zwei Achsen einer Ellipse unter dem gegebenen spitzen Winkel α (Fig. 7). Man soll die Größe dieser Achsen und ihren Ort der Bedingung gemäß bestimmen, daß der Inhalt des Parallelogramms, dessen Diagonalen diese Achsen sind, ein Max. oder Min. werde.

Auflösung.

Es bezeichnen 2 z und 2 w die Größe der gesuchten Achsen, und x den Winkel, welchen 2 z mit der großen Achse a, der Ellipse bildet, c aber die kleine Hauptachse, so hat man

$(z \operatorname{Sin} x)^2 = \frac{c^2}{a^2} [\frac{1}{4} a^2 - (z \operatorname{Cos} x)^2]$ und hieraus:

1) $4 z^2 = \frac{a^2 c^2}{a^2 \operatorname{Sin} x^2 + c^2 \operatorname{Cos} x^2}$; eben so

2) $4 w^2 = \frac{a^2 c^2}{a^2 \operatorname{Sin} (\alpha - x)^2 + c^2 \operatorname{Cos} (\alpha - x)^2}$; folglich

den Inhalt F des Parallelogramms $= 2 z w \operatorname{Sin} \alpha$; und es kommt also darauf an, die Werthe für x zu bestimmen, die das Product P

$= (a^2 \operatorname{Sin} x^2 + c^2 \operatorname{Cos} x^2) [a^2 \operatorname{Sin} (\alpha - x)^2 + c^2 \operatorname{Cos} (\alpha - x)^2]$

zu einem Min. oder Max. machen.

Man findet gleich

3) $dP = 2 (a^2 - c^2) \operatorname{Sin} (\alpha - 2x) [a^2 \operatorname{Sin} (\alpha - x) \operatorname{Sin} x - c^2 \operatorname{Cos} (\alpha - x) \operatorname{Cos} x]$

und dP wird $= 0$;

4) für $\operatorname{Sin} (\alpha - 2x) = 0$;

5) für $a^2 \operatorname{Sin} (\alpha - x) \operatorname{Sin} x = c^2 \operatorname{Cos} (\alpha - x) \operatorname{Cos} x$

Aus 4) folgt

6) $x = \frac{\alpha}{2}$

Aus 5) aber

$(a^2 - c^2) \operatorname{Sin} \alpha . \operatorname{Sin} 2x = [c^2 (1 + \operatorname{Cos} 2x) + a^2 (1 - \operatorname{Cos} 2x)] \operatorname{Cos} \alpha$

oder

$(a^2 - c^2) \operatorname{Cos} (\alpha - 2x) = (a^2 + c^2) \operatorname{Cos} \alpha$

woraus folgt

7) $\text{Cos}\,(\alpha - 2x) = \frac{a^2 + c^2}{a^2 - c^2} \cdot \text{Cos}\,\alpha$

welche Gleichung 7) nur dann einen der Aufgabe genügenden Werth für x liefert, wenn

$$\frac{a^2 + c^2}{a^2 - c^2} \cdot \text{Cos}\,\alpha < \text{oder höchstens} = 1;$$

d. h. wenn 8) $\text{Cos}\,\alpha <$ höchstens $= \frac{a^2 - c^2}{a^2 + c^2}$ ist. Es giebt aber, $\text{Cos}\,\alpha = \frac{a^2 - c^2}{a^2 + c^2}$ für $\text{Cos}\,(\alpha - 2x)$ nach 7) den Werth 1; und hiezu

9) $\alpha - 2x = 0$; also wie in 6) $x = \frac{\alpha}{2}$, und man hat also nur die 2 der Aufgabe entsprechenden Resultate

10) $x = \frac{\alpha}{2}$ nach 6) und nach 7)

11) $\text{Cos}\,(\alpha - 2x) = \frac{a^2 + c^2}{a^2 - c^2} \cdot \text{Cos}\,\alpha$, wenn nemlich

$$\text{Cos}\,\alpha < \frac{a^2 - c^2}{a^2 + c^2} \text{ ist.}$$

Zur Beurtheilung, welcher Werth ein Max. und welcher ein Min. giebt hat man wenn $1 - \text{Cos}\,2x$ für $2\,\text{Sin}\,x^2$ und $1 + \text{Cos}\,2x$ für $2\,\text{Cos}\,x^2$ gesetzt wird

aus $dP = (a^2 - c^2)[(a^2 - c^2)\text{Cos}(\alpha - 2x) - (a^2 + c^2)\text{Cos}\,\alpha]\,\text{Sin}(\alpha - 2x)$;

für $x = \frac{\alpha}{2}$,

12) $d^2P = -2(a^2 - c^2)[(a^2 - c^2)\text{Cos}(\alpha - 2x) - (a^2 + c^2)\text{Cos}\,\alpha]\,\text{Cos}(\alpha - 2x)$

$$= -2(a^2 - c^2)[a^2 - c^2 - (a^2 + c^2)\,\text{Cos}\,\alpha]$$

$$= -4(a^2 - c^2)\left[a^2\,\text{Sin}\,\frac{\alpha^2}{2} - c^2\,\text{Cos}\,\frac{\alpha^2}{2}\right]$$

also für P ein Max. wenn $a^2\,\text{Sin}\,\frac{\alpha^2}{2} > c^2\,\text{Cos}\,\frac{\alpha^2}{2}$

oder $c < a \operatorname{Tg} \frac{\alpha}{2}$; ein Min. aber wenn $c > a \operatorname{Tg} \frac{\alpha}{2}$.

Ist $c = a \operatorname{Tg} \frac{\alpha}{2}$ dann ist es noch unbestimmt, was, für $x = \frac{\alpha}{2}$, aus P wird.

Für den Werth des x, welcher der Gleichung 7) $\operatorname{Cos}(\alpha - 2x) = \frac{a^2 + c^2}{a^2 - c^2} \operatorname{Cos} \alpha$ entspricht, entsteht

13) $d^2 P = 2 (a^2 - c^2)^2 \operatorname{Sin} (\alpha - 2x)^2$

welches Resultat immer positiv ist, so daß also, für $\operatorname{Cos}(\alpha - 2x) = \frac{a^2 + c^2}{a^2 - c^2} . \operatorname{Cos} \alpha$; allemal P ein Min. sein wird.

Man hat also

I. Für $x = \frac{\alpha}{2}$;

$$4z^2 = 4w^2 = \frac{a^2 c^2}{a^2 \operatorname{Sin} \frac{\alpha^2}{2} + c^2 \operatorname{Cos} \frac{\alpha^2}{2}};$$

$$F = 2 . z . w \operatorname{Sin} \alpha = \frac{a^2 c^2 \operatorname{Sin} \frac{\alpha}{2} \operatorname{Cos} \frac{\alpha}{2}}{a^2 \operatorname{Sin} \frac{\alpha^2}{2} + c^2 \operatorname{Cos} \frac{\alpha^2}{2}}$$

$$= \frac{a^2 c^2 \operatorname{Tg} \frac{\alpha}{2}}{a^2 \operatorname{Tg} \frac{\alpha^2}{2} + c^2},$$

und dieser Inhalt F ist ein Min. wenn $c < a \operatorname{Tg} \frac{\alpha}{2}$; ein Max. aber, wenn $c > a \operatorname{Tg} \frac{\alpha}{2}$ ist.

II. Für $\operatorname{Cos}(\alpha - 2x) = \frac{a^2 + c^2}{a^2 - c^2} \operatorname{Cos} \alpha$.

Hier

Hier ist im Allgemeinen $d^2 P$ immer positiv, also P ein Min. folglich F ein Max.

Nimmt man hier $c = a \operatorname{Tg} \frac{\alpha}{2}$ an, so hat man $\operatorname{Cos}(\alpha - 2x) = 1$; folglich $x = \frac{\alpha}{2}$, welches Resultat mit dem in I zusammenfällt, so daß also für $x = \frac{\alpha}{2}$ und $c = a \operatorname{Tg} \frac{\alpha}{2}$; $F = \frac{1}{2} a^2 \operatorname{Tg} \frac{\alpha}{2}$ ein Max. ist.

§. 31.

Aufgabe.

Es ist ein Dreieck ABC (Fig. 8) und in einer seiner Seiten etwa in AB, ein Punkt D gegeben, man soll nach zu bestimmenden Punkten E, F in AC und CB Linien DE, DF unter einem gegebenen Winkel γ so ziehen, daß der Inhalt des △s DEF ein Max. oder Min. wird.

Auflösung.

Bei der in der Figur angedeuteten Bezeichnung, hat man $DE = \frac{a \operatorname{Sin} \alpha}{\operatorname{Sin}(\alpha + x)}$; $DF = \frac{b \operatorname{Sin} \beta}{\operatorname{Sin}(\gamma + x - \beta)}$; also den Inhalt G des Dreiecks DEF =

$$\frac{1}{2} \cdot \frac{b \operatorname{Sin} \beta}{\operatorname{Sin}(\gamma + x - \beta)} \cdot \frac{a \operatorname{Sin} \alpha}{\operatorname{Sin}(\alpha + x)} \cdot \operatorname{Sin} \gamma$$

und es kommt also darauf an, die Werthe für x zu bestimmen, für welchen

$\varphi x = \operatorname{Sin}(\alpha + x) \cdot \operatorname{Sin}(\gamma - \beta + x)$ ein Min. oder Max. wird.

Bezeichnet man $\gamma - \beta$ durch δ, so ergiebt sich

1) $\varphi' x = \mathrm{Sin}(\alpha + x)\,\mathrm{Cos}(\delta + x) + \mathrm{Sin}(\delta + x)\,\mathrm{Cos}(\alpha + x)$
$= \mathrm{Sin}(\alpha + \delta + 2x)$

und es wird $\varphi' x = 0$; sowohl

2) für $\alpha + \delta + 2x = 0$; als auch,

3) für $\alpha + \delta + 2x = n\pi$, wo n jede beliebige ganze Zahl sein kann.

Aus 2) entsteht, den Werth für δ wieder eingeführt,

4) $x = \frac{\beta - \alpha - \gamma}{2}$;

und zu diesen Werth von x gehören:

$\angle\ FDB = \pi - \frac{\beta + \gamma - \alpha}{2}$

$\angle\ AED = \pi - \frac{\alpha + \beta - \gamma}{2}$

$\angle\ DFB = \frac{\gamma - \alpha - \beta}{2}$

Es wird aber $\angle$ AED nur dann $< \pi$ oder 2 Rechte, wenn $\alpha + \beta > \gamma$ und DFB nur dann positiv, wenn $\alpha + \beta < \gamma$ ist. Ein Dreieck DEF entsteht aber nur dann, wenn AED kleiner wie π und DFB positiv ist, d. h. wenn $\alpha + \beta > \gamma$ und zugleich $\alpha + \beta \angle \gamma$ ist, welche Bedingungen sich widersprechen, so daß also das Resultat 4)

$$x = \frac{\beta - \alpha - \gamma}{2}$$

kein Dreieck liefert, also der Aufgabe nicht genügt.

Aus 3) entsteht

5) $x = \frac{n\pi + \beta - \alpha - \gamma}{2}$

6) $FDB = \frac{(2 - n)\pi + \alpha - \beta - \gamma}{2}$

7) $AED = \frac{(2-n)\pi + \gamma - \alpha - \beta}{2}$

8) $DFB = \frac{n\pi + \gamma - \alpha - \beta}{2}$

und jeder dieser 4 Ausdrücke muß, wenn ein Dreieck DEF entstehen soll, kleiner wie π und größer wie Null, d. h. positiv sein. Hieraus fließen folgende acht Bestimmungen:

9) $\beta < \alpha + \gamma + (2-n)\pi$

10) $\alpha < \beta + \gamma + n\pi$

11) $\gamma < \alpha + \beta + n\pi$

12) $\gamma < \alpha + \beta + (2-n)\pi$

13) $n\pi + \beta > \alpha + \gamma$

14) $(2-n)\pi + \alpha > \beta + \gamma$

15) $(2-n)\pi + \gamma > \alpha + \beta$

16) $n\pi + \gamma > \alpha + \beta$

Für $n = 1$ entstehen hieraus die 3 Bedingungen (aus 13, 14, 15 und 16)

17) $\begin{cases} \alpha + \gamma - \beta < \pi \\ \beta + \gamma - \alpha < \pi \\ \alpha + \beta - \gamma < \pi \end{cases}$

Für $n = 2$ widersprechen sich 12) und 15).

Für $n = 3$ oder noch größer liefern 14) und 15) Widersprüche gegen die Aufgabe.

Für $n = -1$; -2 oder noch kleiner geben 13) und 16) Widersprüche gegen die Forderung.

Nur dann kann also für φx ein Min. oder Max. sich ergeben, wenn

$$x = \frac{\pi + \beta - \alpha - \gamma}{2} \text{ ist}$$

und die Bedingungen in 17) statt finden.

Da nun $\varphi'' x = 2 \operatorname{Cos} (\alpha + \delta + 2x)$; also $\varphi'' \frac{\pi + \beta - \alpha - \gamma}{2} = 2 \operatorname{Cos} \pi = -2$ ist, so wird also $\varphi \frac{\pi + \beta - \alpha - \gamma}{2}$ ein Max., folglich G ein Min., und die Größe dieses Min. erhält man

$$= \frac{a\,b \operatorname{Sin} \alpha \operatorname{Sin} \beta \operatorname{Sin} \gamma}{2 \cdot \left[\operatorname{Cos} \frac{\alpha + \beta - \gamma}{2}\right]^2}$$

Beisp. Sind alle 3 Winkel α, β, γ gleich groß, jeder $= \alpha$; so hat man

$x = \frac{\pi - \alpha}{2}$ und den Inhalt des zugehörigen kleinsten Dreiecks $= 2\,a\,b \operatorname{Sin} \alpha \left(\operatorname{Sin} \frac{\alpha}{2}\right)^2$ oder auch

$$= a\,b \operatorname{Sin} \alpha\,(1 - \operatorname{Cos} \alpha)$$

§. 32.

Aufgabe.

In der Peripherie einer Ellipse sind 2 Punkte H, K gegeben; (Fig. 9.) man soll einen 3ten Punkt Z der Bedingung gemäß bestimmen, daß der Inhalt Q, des Dreiecks HKZ ein Max. oder Min. werde.

Auflösung.

Es sei AB $= a$ die große, CD $= c$ die kleine Achse der Ellipse; FDT $\mp$ AB; AF $=$ CD; FT die Abscissen-Linie; F der Anfangspunkt der Abscissen x, die zugehörigen normalen Ordinaten der Ellipse sollen y, die der geraden Linie HK sollen z heißen. Es bezeichne α, β die Coordinaten FG, GH des Punktes H; γ; δ die FJ, JK des Punktes K; FJ oder γ sei größer wie FG oder α.

Die Form der Gleichung für die gerade Linie ist nun $z = fx = r + tx$, und da in Beziehung auf HK, für $x = \alpha$; $z = \beta$ und für $x = \gamma$; $z = \delta$ ist, so hat man zur Bestimmung von r und t die Gleichungen

$$\beta = r + t \cdot \alpha$$
$$\delta = r + t \cdot \gamma$$

woraus $r = \frac{\beta\gamma - \alpha\delta}{\gamma - \alpha}$; $t = \frac{\delta - \beta}{\gamma - \alpha}$ folgt, so daß also

1) $z = \frac{\beta\gamma - \alpha\delta}{\gamma - \alpha} + \frac{\delta - \beta}{\gamma - \alpha} \cdot x$

die Gleichung für HK ist.

Da nun ferner die Gleichung für die elliptische Linie bekanntlich folgende ist:

2) $y = \varphi x = \frac{a}{2} \pm \frac{c}{a} \cdot \sqrt{ax - x^2}$

unter $\sqrt{ax - x^2}$ den absoluten Werth verstanden, so hat man, wenn FL die gesuchte Abscisse vorstellt, so daß LM und LN die zugehörigen Ordinaten der Ellipse sind, LP aber die der geraden Linie HK ist,

3) $PM = LM - LP$

$$= \frac{a}{2} + \frac{c}{a} \cdot \sqrt{ax - x^2} - [r + t \cdot x]$$

4) $PN = LP - LN$

$$= r + tx - \left[\frac{a}{2} - \frac{c}{a}\sqrt{ax - x^2}\right].$$

Es ist aber

$$\triangle\, MPK = \frac{PM \cdot LJ}{2}$$

$$\triangle\, MPH = \frac{PM \cdot GL}{2}; \text{ also}$$

$$\triangle\, HKM = \frac{PM \cdot (GL + LJ)}{2} \text{ oder}$$

5) $HKM = Fx =$

$$\frac{\gamma - \alpha}{2} \cdot \left[\frac{a}{2} + \frac{c}{a} \sqrt{ax - x^2} - r - tx\right]$$

und eben so

6) $HKN = \psi x = \dfrac{GJ.PN}{2}$

$$= \frac{\gamma - \alpha}{2} \cdot \left[-\frac{a}{2} + \frac{c}{a} \sqrt{ax - x^2} + r + tx\right].$$

Soll nun Fx ein Max. oder Min. werden, so erhält man

7) $F'x = \dfrac{\gamma - \alpha}{2} \cdot \left[\dfrac{c}{2a} \cdot \dfrac{a - 2x}{\sqrt{ax - x^2}} - t\right]$

und aus $F'x = 0$ entspringt

8) $x = \dfrac{a}{2} \cdot \left[1 - \dfrac{at}{\sqrt{a^2 t^2 + c^2}}\right]$

und für diesen Werth von x;

9) $F''x = -\dfrac{\gamma - \alpha}{2} \cdot \dfrac{2 \cdot (a^2 t^2 + c^2)^{\frac{3}{2}}}{a^2 \cdot c^2}$

Soll aber ψx ein Max. oder Min. werden, so erhält man

10) $\psi' x = \dfrac{\gamma - \alpha}{2} \cdot \left[\dfrac{c}{2a} \cdot \dfrac{a - 2x}{\sqrt{ax - x^2}} + t\right]$

und aus $\psi' x = 0$ ergiebt sich

11) $x = \dfrac{a}{2} \cdot \left[1 + \dfrac{at}{\sqrt{a^2 t^2 + c^2}}\right]$

und für dieses x

12) $\psi'' x = -\dfrac{\gamma - \alpha}{2} \cdot \dfrac{2(a^2 t^2 + c^2)^{\frac{3}{2}}}{a^2 c^2}.$

Es ist also das Dreieck ein Größtes für

$$x = \frac{a}{2}\left[1 \mp \frac{at}{\sqrt{a^2 t^2 + c^2}}\right]$$

wo das obere Zeichen für das Dreieck HKM, das untere für das Dreieck HKN gilt, wie sich leicht aus den Bedingungen $F'x = 0$ und $\psi'x = 0$ ersehen läßt, dann nur 8; macht $F'x$ und nur 11; macht $\psi'x$ zu Null.

§. 33.

Aufgabe.

In dem einen Schenkel gd eines gegebenen Winkels $dgk = \beta$ (Fig. 10) sind 2 Punkte c, d gegeben; man soll in dem andern Schenkel gk den Punkt f der Bedingung gemäß bestimmen, daß der Winkel cfd ein Max. oder Min. werde.

Auflösung.

Es sei $gd = a$; $gc = b$; und $gf = x$, so ist

$$\text{Tg}\, dfg = \frac{a \sin\beta}{x - a\cos\beta}; \quad \text{Tg}\, cfg = \frac{b \sin\beta}{x - b\cos\beta}$$

und also

$$u = \angle cfd = \varphi x = \text{Arc Tg} \frac{a\sin\beta}{x - a\cos\beta} - \text{Arc. Tg} \frac{b\sin\beta}{x - b\cos\beta}.$$

Hieraus folgt

$$\frac{du}{dx} \text{ oder } du = \sin\beta . \left[\frac{b}{x^2 + b^2 - 2bx\cos\beta} - \frac{a}{x^2 + a^2 - 2ax\cos\beta}\right]$$

und $du = 0$ gesetzt, liefert

$$x = \sqrt{ab}, \text{ d. h. } cg : gf = gf : gd$$

woraus die geometr. Construct. sogleich folgt.

Für $x = \sqrt{ab}$ erhält man nun noch

$$d^2 u = -\frac{2(a - b)\sin\beta}{[a + b - 2\cos\beta\sqrt{ab}]^2 . \sqrt{ab}}$$

so daß also $\angle cfd$, für $x = \sqrt{ab}$ ein Max. ist.

§. 34.

Zusatz.

Ist $cd \mp gk$ (Fig. 11), so fälle man die Normalen $ch = dn = b$ aus c und d auf gk, setze $cd = hn = a$ und $hf = x$; so hat man $Tg\, dfh = -\frac{b}{a-x}$; $Tg\, cfh = \frac{b}{x}$; also

$$u = \angle\, cfd = Arc\, Tg \frac{b}{x-a} - Arc\, Tg \frac{b}{x}$$

folglich

$$du = b \cdot \left[\frac{1}{x^2+b^2} - \frac{1}{(x-a)^2+b^2}\right]$$ und aus $du = 0$

entsteht sogleich $x = \frac{a}{2}$; dann $d^2u = -\frac{16ab}{(a^2+4b^2)^2}$ für $x = \frac{a}{2}$, so daß also $\angle\, cfd$, für $x = \frac{a}{2}$, ein Maximum ist.

§. 35.

Aufgabe.

Es ist gegeben 1tens ein Winkel 2β eines Vierecks; 2tens der Umfang desselben $= 2a$; 3tens die Bedingung daß in das Viereck ein Kreis soll beschrieben werden können; 4tens die, daß auch um dasselbe ein Kreis gelegt werden kann; man soll die Seiten desselben der Bedingung gemäß bestimmen, daß der Inhalt des Vierecks ein Max. oder Min. werde.

Auflösung.

Die 2te Bedingung liefert bei den in Fig. 12 angedeuteten Bezeichnungen die Gleichung:

1) $x + y + z + w = 2a.$

Die 1te und 4te folgende:

2) $x^2 + y^2 - 2xy \operatorname{Cos} 2\beta = z^2 + w^2 + 2zw \operatorname{Cos} 2\beta.$

Die 3te aber giebt:

3) $x + z = y + w.$

Nun ist der Inhalt des Vierecks

$= \frac{1}{2} xy \operatorname{Sin} 2\beta + \frac{1}{2} zw \operatorname{Sin} 2\beta$, und

$u = xy + zw$ soll ein Max. oder Min. werden.

Aus 1) und 3) folgt

4) $z = a - x$

5) $w = a - y$

und beide Werthe in 2) gesetzt, so erhält man

6) $a^2 - a(x + y) + xy \cdot \frac{2 \operatorname{Cos} 2\beta}{1 + \operatorname{Cos} 2\beta} = 0.$

Bezeichnet man der Kürze wegen

7) $\frac{2 \operatorname{Cos} 2\beta}{1 + \operatorname{Cos} 2\beta}$ durch b, so entsteht aus 6)

8) $y = \frac{a(a - x)}{a - bx}$ und substituirt man nun die Werthe für z, w, und y aus 4, 5, und 8, in den Ausdruck für u, so entsteht:

$$u = a^2 + a \cdot \frac{2ax - 2x^2 + bx^2 - a^2}{a - bx}$$

und hieraus

9) $\frac{du}{dx} = \frac{(2 - b)(bx^2 - 2ax + a^2)}{(a - bx)^2}.$

Aus $\frac{du}{dx} = 0$ entspringt nun

$$x = \frac{a}{b}(1 \pm \sqrt{1 - b})$$

oder den Werth für b aus 7) substit.

10) $x = a \cdot \frac{1 + \operatorname{Cos} 2\beta \pm \operatorname{Sin} 2\beta}{2 \operatorname{Cos} 2\beta}$

$$= a \cdot \frac{2 \operatorname{Cos} \beta^2 \pm 2 \operatorname{Sin} \beta \operatorname{Cos} \beta}{2(\operatorname{Cos} \beta^2 - \operatorname{Sin} \beta^2)};$$

folglich, entweder:

$$11)\ x = a\,\frac{\cos\beta}{\cos\beta - \sin\beta};$$ oder

$$12)\ x = a\,\frac{\cos\beta}{\cos\beta + \sin\beta}.$$

Aus 9) entspringt für die Werthe von x in 11) und 12)

$$13)\ \frac{d^2 u}{d x^2} = \frac{2(2-b)(bx-a)}{(a-bx)^2}$$

und da $2-b$, so wie $(a-bx)^2$ immer positiv ist, so hängt das Zeichen für $\frac{d^2 u}{d x^2}$ blos von dem des Ausdrucks $bx-a$ ab. Es ist aber für den Werth von x in 11;

$$14)\ bx - a = + a\,\mathrm{Tg}\,\beta$$ und für den Werth von x in 12) ist

$$15)\ bx - a = - a\,\mathrm{Tg}\,\beta$$

daher der Inhalt des Vierecks ein Min., wenn $x = \frac{a\cos\beta}{\cos\beta - \sin\beta}$; ein Max. aber, wenn $x = \frac{a\cos\beta}{\cos\beta + \sin\beta}$ ist. Aus 8), 4) und 5) erhält man nun fürs Min., also für $x = \frac{a\cos\beta}{\cos\beta - \sin\beta}$

$$y = x = \frac{a\cos\beta}{\cos\beta - \sin\beta}$$ und

$$z = w = -\frac{a\sin\beta}{\cos\beta - \sin\beta}$$

welche Werthe kein Viereck liefern, so daß also kein Min. statt finden kann.

Fürs Max. aber, also für $x = \frac{a\cos\beta}{\cos\beta + \sin\beta}$; ergiebt sich

$$y = x = \frac{a\cos\beta}{\cos\beta + \sin\beta}$$ und

$$z = w = \frac{a \operatorname{Sin}\beta}{\operatorname{Cos}\beta + \operatorname{Sin}\beta};$$ oder

$$y = x = \frac{a \operatorname{Cos}\beta \operatorname{Sin}\frac{1}{4}\pi}{\operatorname{Sin}(\beta + \frac{1}{4}\pi)}$$ und

$$z = w = \frac{a \operatorname{Sin}\beta \operatorname{Sin}\frac{1}{4}\pi}{\operatorname{Sin}(\beta + \frac{1}{4}\pi)}.$$

Der Inhalt dieses größten Vierecks findet sich

$$= \frac{a^2 \operatorname{Sin}\beta \operatorname{Cos}\beta \operatorname{Sin}\frac{1}{4}\pi}{\operatorname{Sin}(\beta + \frac{1}{4}\pi)}$$

§. 36.

Zusatz.

Durch die Multiplicatoren-Methode kommt man etwas leichter zum Resultat. Man hat nemlich

$$u = xy + (a - x)(a - y)$$
$$= a^2 + 2xy - a(x + y)$$

so daß also

$2xy - ax - ay$ ein Max. oder Min. werden soll.

Die Bedingungs-Gleichung ist ferner; aus 6)

$o = a^2 - ax - ay + bxy$; setzt man daher

$\varphi = 2xy - ax - ay + \alpha(- ax - ay + bxy)$

so erhält man

$$\frac{d\varphi}{dx} = 2y - a + \alpha[- a + by] = o$$

$$\frac{d\varphi}{dy} = 2x - a + \alpha[- a + bx] = o$$

und hieraus, wenn man α eliminirt

$$\frac{by - a}{bx - a} = \frac{a - 2y}{a - 2x};$$ oder

$a(2 - b)(x - y) = o$ woraus folgt $x = y$; und schreibt man dann in die Bedingungs-Gleichung x für y, so wird sie $bx^2 - 2ax + a^2 = o$ u. s. w. wie im vor. §.

§. 37.

Aufgabe.

Nach gegebenen Richtungen sollen in dem Punkt a Fig. 13 drei Kräfte x, y, z angebracht werden, welche vereint dasselbe bewirken, was die Kraft P in a hervorbringen würde. Die Summe u der Quadrate dieser 3 Kräfte soll aber ein Min. sein.

Auflösung.

Mit der Richtung von P bilde z den $\angle \alpha$; x den β; y den γ, so entstehen die Bedingungs-Gleichungen

1) $z \sin \alpha = y \sin \gamma + x \sin \beta$

2) $x \cos \beta + y \cos \gamma + z \cos \alpha = P$

und aus ihnen erhält man

3) $z = \frac{P \sin \gamma}{\sin (\alpha + \gamma)} - \frac{\sin (\gamma - \beta)}{\sin (\alpha + \gamma)} \cdot x = a - bx$

4) $y = \frac{P \sin \alpha}{\sin (\alpha + \gamma)} - \frac{\sin (\alpha + \beta)}{\sin (\alpha + \gamma)} \cdot x = c - hx$,

folglich

$u = \varphi x = x^2 + (a - bx)^2 + (c - hx)^2$; also

$du = 2x - 2(a - bx) b - 2(c - hx) h$

und aus $du = 0$ folgt

5) $x = \frac{ab + ch}{1 + b^2 + h^2}$, oder, wenn die Werthe für a, b, c, h gesetzt werden

6) $x = P \cdot \frac{\sin \alpha \cdot \sin (\alpha + \beta) + \sin \gamma \sin (\gamma - \beta)}{\sin (\alpha + \beta)^2 + \sin (\alpha + \gamma)^2 + \sin (\gamma - \beta)^2}$.

Dann aus 4)

7) $y = P \cdot \frac{\sin \alpha \sin (\alpha + \gamma) - \sin \beta \sin (\gamma - \beta)}{\sin (\alpha + \beta)^2 + \sin (\alpha + \gamma)^2 + \sin (\gamma - \beta)^2}$

und aus 3)

8) $z = P \cdot \frac{\sin \beta \sin (\alpha + \beta) + \sin \gamma \sin (\alpha + \gamma)}{\sin (\alpha + \beta)^2 + \sin (\alpha + \gamma)^2 + \sin (\gamma - \beta)^2}$

Nun folgt ferner, aus

$$du = 2x(1 + b^2 + h^2) - ab - ch;$$

$d^2u = 2(1 + b^2 + h^2)$, welcher Ausdruck immer positiv ist, so daß also ein Min. gefunden ist.

§. 38.

Aufgabe.

Um einen gegebenen Kreis zum Halbmesser $= r$ ein Viereck zu legen, welches einen bestimmten Winkel 2β hat, und dessen Inhalt ein Max. oder Min. ist.

Auflösung.

Bei den in Fig. 12 angedeuteten Bezeichnungen entstehen wie in §. 35 die Gleichungen

1) $x + z = y + w$

2) $x^2 + y^2 - 2xy \operatorname{Cos} 2\beta = z^2 + w^2 + 2zw \operatorname{Cos} 2\beta$

und, aus §. 274 meiner Geom. folgt:

3) $r = \frac{\sqrt{xyzw}}{x + z}$.

Bildet man aus 1) die Gleichung

$x - y = w - z$, quadrirt sie, und subtrahirt das Resultat von 2, so entsteht nach Anwendung der Formeln

$1 + \operatorname{Cos} 2\beta = 2 \operatorname{Cos} \beta^2$; $1 - \operatorname{Cos} 2\beta = 2 \operatorname{Sin} \beta^2$;

die einfache Gleichung:

4) $zw = xy \cdot \operatorname{Tg} \beta^2$;

substituirt man nun hieraus w in 1) und 3) so entsteht

5) $(x + z) z = y (z + x \operatorname{Tg} \beta^2)$

6) $(x + z) r = x y \operatorname{Tg} \beta$

und der Quotient beider Gleichungen, giebt

7) $z = r \cdot \frac{x \operatorname{Tg} \beta^2}{x \operatorname{Tg} \beta - r}$.

Setzt man diesen Werth in 6) so ergiebt sich

8) $r \cdot \left[x + r\,Tg\,\beta^2 \cdot \frac{x}{x\,Tg\,\beta - r}\right] = x\,y\,Tg\,\beta$

Es ist aber der Inhalt des Vierecks, oder

9) $F = \frac{Sin\,2\,\beta}{2} \cdot (x\,y + z\,w)$ und setzt man in diese Gleichung, den Werth für $z\,w$ aus 4) so entsteht

10) $F = x\,y\,Tg\,\beta$, und es ist also, nach 8)

11) $F = r \cdot \left[x + r\,Tg\,\beta^2 \cdot \frac{x}{x\,Tg\,\beta - r}\right]$.

Hieraus entsteht:

12) $dF = r \cdot \left[1 + r\,Tg\,\beta^2 \cdot \frac{x\,Tg\,\beta - r - x\,Tg\,\beta}{(x\,Tg\,\beta - r)^2}\right]$

$= r \cdot \frac{(x\,Tg\,\beta - r)^2 - (r\,Tg\,\beta)^2}{(x\,Tg\,\beta - r)^2}$.

und aus $dF = 0$ folgt, entweder

13) $x = r \cdot \frac{1 + Tg\,\beta}{Tg\,\beta}$; oder

14) $x = r \cdot \frac{1 - Tg\,\beta}{Tg\,\beta}$

Aus 12) ergiebt sich nun noch, für die Werthe von x in 13) und 14)

15) $d^2 F = \frac{2\,r\,Tg\,\beta}{x\,Tg\,\beta - r}$; also für 13)

16) $d^2 F = + 2$, und für 14)

17) $d^2 F = - 2$, so daß also für den Werth in 13) F ein Min; für den in 14) aber F ein Max. ist.

Fürs Min., d. h. für

$$x = r \cdot \frac{1 + Tg\,\beta}{Tg\,\beta} = r\,[1 + Cotg\,\beta]$$

erhält man nun noch, aus 7)

$z = r\,(1 + Tg\,\beta)$; dann aus 8)

$y = r(1 + \text{Cotg}\,\beta) = x$; und aus 4)

$w = r(1 + \text{Tg}\,\beta) = z$; endlich den Inhalt dieses kleinsten Vierecks, oder

$F = \frac{1}{2} r^2 . [1 + \text{Cosec}\,2\beta]$.

Fürs Max. aber, d. h. für

$$x = r . \frac{1 - \text{Tg}\beta}{\text{Tg}\beta} = r\,[\text{Cotg}\,\beta - 1]$$

entsteht

$z = r . [\text{Tg}\,\beta - 1]$

$y = 0$

$w = 0$

so daß also kein Max. existirt.

§. 39.

Aufgabe.

Es sind die Winkel eines Vierecks und der Umfang gegeben, man soll die Seiten der Bedingung gemäß bestimmen, daß der Inhalt des Vierecks ein Max. oder Min. werde.

Auflösung.

Bei der in Fig. 14 angedeuteten Bezeichnung ist:

$z \text{ Sin } \delta = y \text{ Sin } \gamma + x \text{ Sin } (\alpha + \delta)$ und

$w \text{ Sin } \delta = x \text{ Sin } \alpha - y \text{ Sin } (\alpha + \beta)$

folglich, wenn p den gegebenen Umfang bezeichnet,

$p = x + y + z + w$ oder nach Substitution der Werthe für z und w,

$$p\text{Sin}\delta = [\text{Sin}\alpha + \text{Sin}\delta + \text{Sin}(\alpha + \delta)]x + [\text{Sin}\delta + \text{Sin}\gamma + \text{Sin}(\delta + \gamma)]y$$

woraus, nach Reduction

$$p \text{ Sin} \frac{\delta}{2} = 2 \text{ Cos} \frac{\alpha}{2} \text{ Sin} \frac{\beta + \gamma}{2} . x + 2 \text{ Cos} \frac{\gamma}{2} \text{ Sin} \frac{\alpha + \beta}{2} . y$$

also

$$y = \frac{p \operatorname{Sin} \frac{\delta}{2} - 2 \operatorname{Cos} \frac{\alpha}{2} \operatorname{Sin} \frac{\beta+\gamma}{2} . x}{2 \operatorname{Cos} \frac{\gamma}{2} . \operatorname{Sin} \frac{\alpha+\beta}{2}}$$

folgt.

Nun ist aber der Inhalt F des Vierecks

$$= \tfrac{1}{2} xz \operatorname{Sin} \alpha + \tfrac{1}{2} yw \operatorname{Sin} \gamma; \text{ oder}$$

$$2F = x \operatorname{Sin} \alpha . \left[\frac{\operatorname{Sin} \gamma}{\operatorname{Sin} \delta} . y - \frac{\operatorname{Sin} (\beta+\gamma)}{\operatorname{Sin} \delta} x\right]$$

$$+ y \operatorname{Sin} \gamma \left[\frac{\operatorname{Sin} \alpha}{\operatorname{Sin} \delta} . x - \frac{\operatorname{Sin}(\alpha+\beta)}{\operatorname{Sin} \delta} . y\right]$$

oder auch

$$2 F \operatorname{Sin} \delta = - \operatorname{Sin} \alpha \operatorname{Sin}(\beta+\gamma) x^2 - \operatorname{Sin} \gamma \operatorname{Sin}(\alpha+\beta) y^2$$

$$+ 2 \operatorname{Sin} \alpha \operatorname{Sin} \gamma . x . y$$

und, wird der, schon durch x ausgedrückte Werth von y in diese Gleichung substituirt, so entsteht, nach einiger Vereinfachung

$$\frac{\operatorname{Sin} \left(\frac{\alpha+\beta}{2}\right) \operatorname{Cos} \frac{\gamma}{2} . \operatorname{Sin} \delta}{2 \operatorname{Cos} \frac{\alpha}{2}} . F =$$

$$-\operatorname{Sin} \frac{\beta+\gamma}{2} . \left[\operatorname{Sin} \frac{\alpha}{2} \operatorname{Cos} \frac{\gamma}{2} \left[\operatorname{Sin} \frac{\alpha+\beta}{2} \operatorname{Cos} \frac{\beta+\gamma}{2} + \operatorname{Sin} \frac{\gamma}{2} \operatorname{Cos} \frac{\alpha}{2}\right]\right.$$

$$\left. + \operatorname{Cos} \frac{\alpha}{2} \mathrm{Sn} \frac{\gamma}{2} \left[\operatorname{Sin} \frac{\beta+\gamma}{2} \operatorname{Cos} \frac{\alpha+\beta}{2} + \operatorname{Sin} \frac{\alpha}{2} \operatorname{Cos} \frac{\gamma}{2}\right]\right] x^2$$

$$+ p \operatorname{Sin} \frac{\delta}{2} \operatorname{Sin} \frac{\gamma}{2} \left[\operatorname{Cos} \frac{\alpha+\beta}{2} \operatorname{Sin} \frac{\beta+\gamma}{2} + \operatorname{Sin} \frac{\alpha}{2} \operatorname{Cos} \frac{\gamma}{2}\right] x + \text{Const}$$

und hieraus

$$\frac{\operatorname{Sin} \frac{\alpha+\beta}{2} \operatorname{Cos} \frac{\gamma}{2} . \operatorname{Cos} \frac{\delta}{2}}{\operatorname{Cos} \frac{\alpha}{2} . \operatorname{Cos} \frac{\beta}{2}} F = - \operatorname{Sin} \frac{\beta+\gamma}{2} \operatorname{Sin} \frac{\alpha+\gamma}{2} . x^2$$

$$+ p \operatorname{Sin} \frac{\gamma}{2} . \operatorname{Sin} \frac{\delta}{2} . x + C$$

Nun muß $dF = 0$ werden, und dieß giebt

$$-2\,\text{Sin}\,\frac{\beta+\gamma}{2}\ \text{Sin}\,\frac{\alpha+\gamma}{2}\,.\,x + p\,\text{Sin}\,\frac{\gamma}{2}\ \text{Sin}\,\frac{\delta}{2} = 0$$

also $x = \dfrac{p\,\text{Sin}\,\frac{\gamma}{2}\ \text{Sin}\,\frac{\delta}{2}}{2\,\text{Sin}\,\frac{\alpha+\gamma}{2}\ \text{Sin}\,\frac{\beta+\gamma}{2}}$.

ferner,

$$\frac{\text{Sin}\,\frac{\alpha+\beta}{2}\ \text{Cos}\,\frac{\gamma}{2}\ \text{Cos}\,\frac{\delta}{2}}{\text{Cos}\,\frac{\alpha}{2}\ \text{Cos}\,\frac{\beta}{2}}\, d^2F = -2\,\text{Sin}\,\frac{\beta+\gamma}{2}\ \text{Sin}\,\frac{\alpha+\gamma}{2};$$ also

$$d^2F = -\frac{2\,\text{Sin}\,\frac{\beta+\gamma}{2}\,\text{Sin}\,\frac{\alpha+\gamma}{2}\ \text{Cos}\,\frac{\alpha}{2}\ \text{Cos}\,\frac{\beta}{2}}{\text{Sin}\,\frac{\alpha+\beta}{2}\ \text{Cos}\,\frac{\gamma}{2}\,.\,\text{Cos}\,\frac{\delta}{2}}.$$

Es sind aber die Größen $\text{Sin}\,\frac{\beta+\gamma}{2}$, $\text{Sin}\,\frac{\alpha+\gamma}{2}$; $\text{Sin}\,\frac{\alpha+\beta}{2}$ hier immer positiv, und folglich ist blos der positive oder negative Werth, von

$$r = -\frac{\text{Cos}\,\frac{\alpha}{2}\ \text{Cos}\,\frac{\beta}{2}}{\text{Cos}\,\frac{\gamma}{2}\ \text{Cos}\,\frac{\delta}{2}}$$

zu beurtheilen.

Ist nun, jeder der 4 Winkel α, β, γ, δ kleiner wie π, d. h. hat das Viereck keine einwärts gehende Ecke, so ist r immer negativ; wenn aber einer der 4 Winkel größer wie π ist, und **einer** kann nur größer wie π sein, dann ist r positiv.

Für $x = \dfrac{p\,\text{Sin}\,\frac{\gamma}{2}\ \text{Sin}\,\frac{\delta}{2}}{2\,\text{Sin}\,\frac{\alpha+\gamma}{2}\ \text{Sin}\,\frac{\beta+\gamma}{2}}$

ist dennoch F ein Max., wenn jeder der 4 Winkel kleiner wie π; ein Min. aber, wenn einer derselben grösser wie π ist.

Die Formeln für die 4 Seiten lassen sich leicht folgendergestalt ausdrücken:

$$x = p \frac{\operatorname{Sin}\frac{\gamma}{2} \cdot \operatorname{Sin}\frac{\delta}{2}}{2 \operatorname{Sin}\frac{\beta+\gamma}{2} \cdot \operatorname{Sin}\frac{\beta+\delta}{2}}, \text{ oder auch}$$

$$x = p \frac{\operatorname{Sin}\frac{\gamma}{2} \cdot \operatorname{Sin}\frac{\delta}{2}}{2 \operatorname{Sin}\frac{\alpha+\gamma}{2} \cdot \operatorname{Sin}\frac{\alpha+\delta}{2}}.$$

$$y = p \cdot \frac{\operatorname{Sin}\frac{\alpha}{2} \operatorname{Sin}\frac{\delta}{2}}{2 \operatorname{Sin}\frac{\beta+\alpha}{2} \cdot \operatorname{Sin}\frac{\beta+\delta}{2}}$$

$$z = p \cdot \frac{\operatorname{Sin}\frac{\beta}{2} \cdot \operatorname{Sin}\frac{\gamma}{2}}{2 \operatorname{Sin}\frac{\delta+\beta}{2} \cdot \operatorname{Sin}\frac{\delta+\gamma}{2}}$$

$$w = p \cdot \frac{\operatorname{Sin}\frac{\alpha}{2} \cdot \operatorname{Sin}\frac{\beta}{2}}{2 \operatorname{Sin}\frac{\gamma+\alpha}{2} \cdot \operatorname{Sin}\frac{\gamma+\beta}{2}}$$

und die Größe des Inhalts des Vierecks für diese Werthe erhält man =

$$\frac{p^2}{4} \cdot \frac{\operatorname{Sin}\frac{\alpha}{2} \operatorname{Sin}\frac{\beta}{2} \cdot \operatorname{Sin}\frac{\gamma}{2} \cdot \operatorname{Sin}\frac{\delta}{2}}{\operatorname{Sin}\frac{\alpha+\beta}{2} \cdot \operatorname{Sin}\frac{\alpha+\gamma}{2} \cdot \operatorname{Sin}\frac{\alpha+\delta}{2}}.$$

§. 40.

Aufgabe.

Es wirken n der Lage und Größe nach gegebene

Kräfte, welche mit ihren Richtungslinien alle in einer Ebene liegen; man soll ihr Bestreben, diese Ebene in Bewegung zu bringen, durch 2 Kräfte, welche mit ihren Richtungen auch in dieser Ebene liegen, und durch 2 gegebene Punkte derselben gehen, im Gleichgewicht erhalten; die Richtungslinien dieser beiden Kräfte aber der Bedingung gemäß bestimmen, daß die Summe beider, der Lage und Größe nach, zu findenden Kräfte, ein Min. wird.

Auflösung.

Es sei Fig. 15 die Ebene; n ein Punkt der Richtung der einen zu bestimmenden Kraft, deren Größe durch x, und m ein Punkt der Richtung der andern zu bestimmenden Kraft, deren Größe durch y ausgedrückt werden soll; in Beziehung auf die gerade Linie nm, sei das Bestreben der gegebenen Kräfte, die Ebene nach der auf nm normalen Richtung, und zwar nach pq, zu bewegen, d. h. die Summe der Producte aus diesen gegebenen Kräften in die Sinusse der Winkel, welche ihre Richtungslinien mit nm bilden = A; das Bestreben aber, die Ebene nach nm zu bewegen, nemlich die Summe der Producte aus diesen Kräften in die Cosinusse der Winkel, welche ihre Richtungslinien mit mn bilden = B; ferner bezeichne C das Bestreben der gegebenen Kräfte, die Ebene um n und zwar nach der Richtung pq zu drehen, also: die Summe der Momente in Beziehung auf Drehung um n nach pq.

Der Abstand nm sei = a; der zu bestimmende Winkel, welchen die Richtung der Kraft x mit nm bildet sei = α; der, den die Richtung von y mit nm macht $= \beta$, so ist das Bestreben von x und y zur Bewegung nach der Richtung q p (nicht p q) $= x \operatorname{Sin} \alpha + y \operatorname{Sin} \beta$; das, nach der Richtung m n (nicht n m) $= x \operatorname{Cos} \alpha + y \operatorname{Cos} \beta$, und das zur Drehung um n nach der Richtung qp (nicht pq) $= a \cdot y \operatorname{Sin} \beta$, und es sind daher zur Bestimmung von α, β, x, y die Gleichungen:

1) $x \operatorname{Sin} \alpha + y \operatorname{Sin} \beta = A.$

2) $x \operatorname{Cos} \alpha + y \operatorname{Cos} \beta = B.$

3) $a\, y \operatorname{Sin} \beta = C.$

4) $P = x + y =$ Min. zu erfüllen.

Eliminirt man aus ihnen x, y, so entsteht

5) $x = \frac{a A - C}{a \operatorname{Sin} \alpha}$

6) $y = \frac{C}{a \operatorname{Sin} \beta}$ und die

beiden zu erfüllenden Gleichungen sind:

7) $a A \operatorname{Cos} \alpha \operatorname{Sin} \beta + C \operatorname{Sin} (\alpha - \beta) = a B \operatorname{Sin} \alpha \operatorname{Sin} \beta$

8) $P = \frac{a A - C}{a \operatorname{Sin} \alpha} + \frac{C}{a \operatorname{Sin} \beta} =$ Min.

Aus 7) folgt; $a A - C$ durch D ausgedrückt,

$$D \operatorname{Cos} \alpha \operatorname{Sin} \beta + C \operatorname{Sin} \alpha \operatorname{Cos} \beta = a B \operatorname{Sin} \alpha \operatorname{Sin} \beta$$

und hieraus

$$C^2 \operatorname{Sin} \alpha^2 (1 - \operatorname{Sin} \beta^2) = (a B \operatorname{Sin} \alpha - D \operatorname{Cos} \alpha)^2 \operatorname{Sin} \beta^2;$$

also

9) $\operatorname{Sin} \beta = \frac{c \operatorname{Sin} \alpha}{\sqrt{c^2 \operatorname{Sin} \alpha^2 + (a B \operatorname{Sin} \alpha - D \operatorname{Cos} \alpha)^2}}$

und setzt man diesen Werth in 8) so ergiebt sich,

10) $P = \frac{1}{a} \cdot \frac{D + \sqrt{C^2 \operatorname{Sin} \alpha^2 + (a B \operatorname{Sin} \alpha - D \operatorname{Cos} \alpha)^2}}{\operatorname{Sin} \alpha}$

und hieraus

$$11)\ \frac{dP}{d\alpha} = \frac{C^2 \operatorname{Sin}\alpha \operatorname{Cos}\alpha + (aB\operatorname{Sin}\alpha - D\operatorname{Cos}\alpha)(aB\operatorname{Cos}\alpha + D\operatorname{Sin}\alpha)}{a\operatorname{Sin}\alpha . \sqrt{C^2\operatorname{Sin}\alpha^2 + (aB\operatorname{Sin}\alpha - D\operatorname{Cos}\alpha)^2}}$$
$$- \frac{D\operatorname{Cos}\alpha + \operatorname{Cos}\alpha . \sqrt{C^2\operatorname{Sin}\alpha^2 + (aB\operatorname{Sin}\alpha - D\operatorname{Cos}\alpha)^2}}{a\operatorname{Sin}\alpha^2}.$$

Die Gleichung $\frac{dP}{d\alpha}$ giebt nun:

$$C^2\operatorname{Sin}\alpha^2\operatorname{Cos}\alpha + \operatorname{Sin}\alpha[aB\operatorname{Sin}\alpha - D\operatorname{Cos}\alpha][aB\operatorname{Cos}\alpha + D\operatorname{Sin}\alpha] =$$
$$D\operatorname{Cos}\alpha . \sqrt{C^2\operatorname{Sin}\alpha^2 + (aB\operatorname{Sin}\alpha - D\operatorname{Cos}\alpha)^2} + C^2\operatorname{Sin}\alpha^2\operatorname{Cos}\alpha$$
$$+ \operatorname{Cos}\alpha[aB\operatorname{Sin}\alpha - D\operatorname{Cos}\alpha]^2$$

und hieraus:

$$[aB\operatorname{Sin}\alpha - D\operatorname{Cos}\alpha][\operatorname{Sin}\alpha[aB\operatorname{Cos}\alpha + D\operatorname{Sin}\alpha] - \operatorname{Cos}\alpha[aB\operatorname{Sin}\alpha - D\operatorname{Cos}\alpha]]$$
$$= D\operatorname{Cos}\alpha . \sqrt{C^2\operatorname{Sin}\alpha^2 + [aB\operatorname{Sin}\alpha - D\operatorname{Cos}\alpha]^2};$$ oder

$$(aB\operatorname{Sin}\alpha - D\operatorname{Cos}\alpha)^2 = \operatorname{Cos}\alpha^2[C^2\operatorname{Sin}\alpha^2 + (aB\operatorname{Sin}\alpha - D\operatorname{Cos}\alpha)^2]$$

und hieraus

$$[aB\operatorname{Sin}\alpha - D\operatorname{Cos}\alpha]^2 = C^2\operatorname{Cos}\alpha^2;$$ also:

$$aB\operatorname{Sin}\alpha - D\operatorname{Cos}\alpha = C\operatorname{Cos}\alpha;$$ folglich

$$12)\ \operatorname{Tg}\alpha = \frac{A}{B}.$$

Aus 11) oder

$$\frac{dP}{d\alpha} = \frac{D}{a} . \frac{aB\operatorname{Sin}\alpha - D\operatorname{Cos}\alpha - \operatorname{Cos}\alpha\sqrt{C^2\operatorname{Sin}\alpha^2 + (aB\operatorname{Sin}\alpha - D\operatorname{Cos}\alpha)^2}}{\operatorname{Sin}\alpha^2 . \sqrt{C^2\operatorname{Sin}\alpha^2 + (aB\operatorname{Sin}\alpha - D\operatorname{Cos}\alpha)^2}}$$

folgt nun, für den für α gefundenen Werth

$$\frac{d^2P}{d\alpha^2} = \frac{D}{C}[A\operatorname{Sin}\alpha + B\operatorname{Cos}\alpha] = \frac{AD}{C\operatorname{Sin}\alpha}$$

so daß also, für $\operatorname{Tg}\alpha = \frac{A}{B}$ die Summe $x + y$ ein Min. ist.

Aus 9) hat man auch noch

$$\operatorname{Sin}\beta = \operatorname{Sin}\alpha,$$ folglich

entweder $\beta = \alpha$ oder $\beta + \alpha = \pi$; dann, aus 5) und 6) die Größe des Min., oder $x + y = \frac{A}{\operatorname{Sin}\alpha} = \sqrt{A^2 + B^2}$.

§. 41.

Zusatz.

Nach §. 14 erhält man aus 7) und 8) oder

$$D\,Tg\,\beta + C\,Tg\,\alpha - a\,B\,Tg\,\alpha\,Tg\,\beta = 0 \text{ und}$$

$$P = \frac{1}{a}\,[D\,Cosec\,\alpha + C\,Cosec\,\beta] = Min.$$

die Gleichung

$$P = \frac{D}{a} Cosec\,\alpha + \frac{C}{a} Cosec\,\beta + n\,[D\,Tg\,\beta + C\,Tg\,\alpha - a\,B\,Tg\,\alpha\,Tg\,\beta] = Min.$$

also

$$\frac{dP}{d\alpha} = -\frac{D}{a} Cotg\,\alpha\,Cosec\,\alpha + n\,[C\,Sec\,\alpha^2 - a\,B\,Tg\,\beta\,Sec\,\alpha^2]$$

$$\frac{dP}{d\beta} = -\frac{C}{a} Cotg\,\beta\,Cosec\,\beta + n\,[D\,Sec\,\beta^2 - a\,B\,Tg\,\alpha\,Sec\,\beta^2]$$

und hieraus, wenn man n eliminirt

$$\frac{C\,Sec\,\alpha^2 - a\,B\,Tg\,\beta\,Sec\,\alpha^2}{D\,Sec\,\beta^2 - a\,B\,Tg\,\alpha\,Sec\,\beta^2} = \frac{D\,Cotg\,\alpha\,Cosec\,\alpha}{C\,Cotg\,\beta\,Cosec\,\beta}; \text{ oder}$$

$$1)\; C\,Sin\,\alpha^2\,Cos\,\beta^2\,[C\,Cos\,\beta - a\,B\,Sin\,\beta] = D\,Cos\,\alpha^2\,Sin\,\beta^2\,[D\,Cos\,\alpha - a\,B\,Sin\,\alpha].$$

Es verwandelt sich aber die erste Bedingungs-Gleichung leicht in

$[D\,Cos\,\alpha - a\,B\,Sin\,\alpha]\,Sin\,\beta = -C\,.\,Sin\,\alpha\,Cos\,\beta$; oder, in

$[C\,Cos\,\beta - a\,B\,Sin\,\beta]\,Sin\,\alpha = -D\,Cos\,\alpha\,Sin\,\beta$

und substituirt man hieraus in 1, so hat man sogleich

2) $Cos\,\alpha = Cos\,\beta$

also $\alpha = \beta$, aber nicht $\alpha + \beta = \pi$; u. s. w. welche Auflösung bequemer ist.

§. 42.

Aufgabe.

In der halben Peripherie P N Fig. 16 eines kleineren Kreises einer Kugel bewegt sich vom höchsten

Punkt P herab, ein Punkt gleichförmig; man soll in dieser halben Peripherie PWTN den Punkt W angeben, in welchem die Geschwindigkeit des Entfernens von dem gegebenen Pol A ein Max. oder Min. ist.

Auflösung.

Es sei V der Pol zu PWTN; der Halbmesser der Kugel = 1; der Bogen AV = α; der VN = VP = β; die gleichförmige Bewegung, womit sich der Punkt von P herab, bewegt, so groß, daß in jeder Zeit-Einheit der Winkel 2γ durchlaufen werde; R der Mittelpunkt des kleineren Kreises, und $\angle$ PRW = x; WRT = 2γ, folglich wenn durch W und T Parallelkreise zum Pol A gelegt werden, BD = CE die Entfernung vom Pol A während der Zeit-Einheit, die in dem Augenblick beginnt, wo der bewegte Punkt in W angekommen ist. Um nun den Punkt W der größten oder kleinsten Schnelligkeit, in Beziehung auf Entfernung vom Pol A zu erhalten, suche man denjenigen, für welchen der Weg BD in der Zeit-Einheit ein Max. oder Min. ist, und setze dann die Zeit-Einheit, also auch 2γ = unendlich klein.

Nun ist aber im sphärischen Dreieck AVW

$$\text{Cos AW} = \text{Cos AV} \, . \, \text{Cos VW} + \text{Sin AV} \, . \, \text{Sin VW} \, . \, \text{Cos AVW}.$$

und in dem AVT:

$$\text{Cos AT} = \text{Cos AV} \, . \, \text{Cos VT} + \text{Sin AV} \, . \, \text{Sin VT} \, . \, \text{Cos AVT}$$

oder: wenn Bogen AB = ϱ; Bogen AD = μ gesetzt wird,

$$\text{Cos}\,\varrho = \text{Cos}\,\alpha\ \text{Cos}\,\beta + \text{Sin}\,\alpha \, . \, \text{Sin}\,\beta\ \text{Cos x} \text{ und}$$

$$\text{Cos}\,\mu = \text{Cos}\,\alpha \, . \, \text{Cos}\,\beta + \text{Sin}\,\alpha\ \text{Sin}\,\beta\ \text{Cos}\,(2\gamma + \text{x});$$

und es soll $\mu - \varrho$ = Max. oder Min. werden.

Aus den Werthen für $\text{Cos}\,\mu$ und $\text{Cos}\,\varrho$ ergiebt sich

1) $d\mu = \frac{\text{Sin}\,\alpha\,\text{Sin}\,\beta\,\text{Sin}\,(2\gamma + x)}{\text{Sin}\,\mu}$

2) $d\varrho = \frac{\text{Sin}\,\alpha\,\text{Sin}\,\beta\,\text{Sin}\,x}{\text{Sin}\,\varrho}$ folglich

3) $d\mu - d\varrho = \frac{\text{Sin}\,\alpha\;\text{Sin}\,\beta}{\text{Sin}\,\mu\;\text{Sin}\,\varrho}[\text{Sin}\varrho\text{Sin}(2\gamma+x) - \text{Sin}\mu\text{Sin}x]$

und aus $d\mu - d\varrho = 0$ folgt:

4) $\text{Sin}\,\varrho\;\text{Sin}\,(2\gamma + x) = \text{Sin}\,\mu\;\text{Sin}\,x$

und hieraus

$\text{Sin}(2\gamma+x)^2 - \text{Sin}(2\gamma+x)^2\text{Cos}\varrho^2 = \text{Sin}x^2 - \text{Sin}x^2\text{Cos}\mu^2$;

ferner

$[\text{Sin}\,(2\gamma + x) + \text{Sin}\,x]\,[\text{Sin}\,(2\gamma + x) - \text{Sin}\,x] =$
$[\text{Sin}(2\gamma+x)\,\text{Cos}\varrho + \text{Sin}x\text{Cos}\mu]\,[\text{Sin}(2\gamma+x)\text{Cos}\varrho - \text{Sin}x\text{Cos}\mu]$

oder, wenn man die Werthe für $\text{Cos}\,\varrho$ und $\text{Cos}\,\mu$ substit. und zugleich die Formeln

$$\text{Sin}\,\alpha + \text{Sin}\,\beta = 2\,\text{Sin}\,\frac{\alpha+\beta}{2}\;\text{Cos}\,\frac{\alpha-\beta}{2}$$

$$\text{Sin}\,\alpha - \text{Sin}\,\beta = 2\,\text{Cos}\,\frac{\alpha+\beta}{2}\;\text{Sin}\,\frac{\alpha-\beta}{2}$$

$\text{Sin}\,2\,\alpha = 2\,\text{Sin}\,\alpha\;\text{Cos}\,\alpha$ anwendet, nach Division mit $4\,\text{Sin}\,(\gamma + x)\;\text{Sin}\,\gamma$;

$\text{Cos}\gamma.\text{Cos}(\gamma+x) = [\text{Cos}\alpha\text{Cos}\beta\text{Cos}\gamma + \text{Sin}\alpha\text{Sin}\beta\text{Cos}(\gamma+x)].$
$[\text{Cos}\,\alpha\,\text{Cos}\,\beta\,\text{Cos}\,(\gamma+x) + \text{Sin}\,\alpha\,\text{Sin}\,\beta\,\text{Cos}\,\gamma]$

folglich

$$\text{Cos}\,(\gamma+x)^2 - \frac{\text{Sin}\,\alpha^2\,\text{Cos}\,\beta^2 + \text{Cos}\,\alpha^2\,\text{Sin}\,\beta^2}{\text{Sin}\,\alpha\,\text{Cos}\,\alpha\,\text{Sin}\,\beta\,\text{Cos}\,\beta}\text{Cos}\,\gamma\;\text{Cos}\,(\gamma+x) + \text{Cos}\,\gamma^2 = 0$$

und hieraus

5) $\text{Cos}\,(\gamma+x) = \text{Tg}\,\alpha\,.\,\text{Cotg}\,\beta\;\text{Cos}\,\gamma$

so wie auch

6) $\text{Cos}\,(\gamma+x) = \text{Tg}\,\beta\;\text{Cotg}\,\alpha\;\text{Cos}\,\gamma,$

aus welchen Formeln für eine unendlich kleine Zeit-Einheit, also für $2\gamma = 0$, sich ergiebt

7) $\operatorname{Cos} x = \operatorname{Tg} \alpha \,.\, \operatorname{Cotg} \beta$ und auch

8) $\operatorname{Cos} x = \operatorname{Cotg} \alpha \,.\, \operatorname{Tg} \beta$.

Das Resultat 7) giebt für $\operatorname{Cos} \varrho$ den Werth $\frac{\operatorname{Cos} \beta}{\operatorname{Cos} \alpha}$.

Das Resultat 8) aber, giebt $\operatorname{Cos} \varrho = \frac{\operatorname{Cos} \alpha}{\operatorname{Cos} \beta}$. Beide können also nicht zugleich statt finden; das erstere nur dann, wenn in absoluter Größe $\operatorname{Cos} \beta < \operatorname{Cos} \alpha$; das 2te aber nur, wenn $\operatorname{Cos} \beta > \operatorname{Cos} \alpha$ ist.

Für $\beta = \alpha$ fallen beide Resultate in eins zusammen, d. h. der gesuchte Ort liegt in dem Punkt P oder A.

Nun ist ferner für $d\mu - d\varrho = 0$; die 2te Ableitung oder $d\,(d\mu - d\varrho) =$

$$\frac{\operatorname{Sin} \alpha \operatorname{Sin} \beta}{\operatorname{Sin} \varrho \operatorname{Sin} \mu} \,.\, d\,[\operatorname{Sin} \varrho \operatorname{Sin} (2\gamma + x) - \operatorname{Sin} \mu \operatorname{Sin} x]$$

und da, α, β, ϱ, μ durchaus $< \pi$ sind, so hängt also der posit. oder negative Werth der 2ten Ableitung bloß von $R = d\,[\operatorname{Sin} \varrho \operatorname{Sin} (2\gamma + x) - \operatorname{Sin} \mu \operatorname{Sin} x]$ ab.

Es ist aber $R =$

$$\operatorname{Sin} \varrho \operatorname{Cos} (2\gamma + x) + \operatorname{Sin} (2\gamma + x) \operatorname{Cos} \varrho \,.\, d\varrho - \operatorname{Sin} \mu \operatorname{Cos} x - \operatorname{Sin} x \operatorname{Cos} \mu \, d\mu$$

oder, die Werthe aus 1) und 2) für $d\varrho$ und $d\mu$ gesetzt:

$$R = \operatorname{Sin} \varrho \operatorname{Cos} (2\gamma + x) - \operatorname{Sin} \mu \operatorname{Cos} x$$

$$+ \operatorname{Sin} (2\gamma + x) \operatorname{Cos} \varrho \,.\, \frac{\operatorname{Sin} \alpha \operatorname{Sin} \beta \operatorname{Sin} x}{\operatorname{Sin} \varrho} - \operatorname{Sin} x \operatorname{Cos} \mu \frac{\operatorname{Sin} \alpha \operatorname{Sin} \beta \operatorname{Sin} (2\gamma + x)}{\operatorname{Sin} \mu}.$$

Die Verbindung der beiden letzten Glieder liefert,

wenn für Cos ϱ und Cos μ die Werthe gesetzt, auch $\frac{\text{Sin x}}{\text{Sin}\,\varrho}$ für $\frac{\text{Sin}\,(2\gamma + x)}{\text{Sin}\,\mu}$ (aus 4) geschrieben wird:

$$\frac{2\,\text{Sin}\,\alpha\,\text{Sin}\,\beta\,\text{Sin}\,\gamma\,\text{Sin}\,x}{\text{Sin}\,\varrho}[\text{Cos}\,\alpha\,\text{Cos}\,\beta\,\text{Cos}(\gamma + x) + \text{Sin}\,\alpha\,\text{Sin}\,\beta\,\text{Cos}\,\gamma];$$

die Verbindung der beiden ersten aber: $\frac{\text{Sin}\,\varrho\,\text{Sin}\,(2\gamma + x)}{\text{Sin x}}$ für Sin μ (nach 4) geschrieben, $-$ Sin ϱ . $\frac{2\,\text{Sin}\,\gamma\,\text{Cos}\,\gamma}{\text{Sin x}}$, und man hat also

$$9)\ R = \text{Sin}\,2\gamma\,.\left[\frac{\text{Sin}\,\alpha\,\text{Sin}\,\beta\,\text{Cos}\,\alpha\,\text{Cos}\,\beta\,\text{Sin}\,x\,\text{Cos}\,(\gamma + x)}{\text{Sin}\,\varrho\,\text{Cos}\,\gamma} + \frac{\text{Sin}\,\alpha^2\,\text{Sin}\,\beta^2\,\text{Sin}\,x}{\text{Sin}\,\varrho} - \frac{\text{Sin}\,\varrho}{\text{Sin}\,x}\right].$$

Wird nun in 9)

I. Tg α Cotg β Cos γ für Cos $(\gamma + x)$ gesetzt, so entsteht:

$$10)\ R = \text{Sin}\,2\gamma\,.\,\frac{\text{Sin}\,\alpha^2\,\text{Sin}\,x^2 - \text{Sin}\,\varrho^2}{\text{Sin}\,\varrho\,\text{Sin}\,x}$$

so daß also der positive oder negative Werth dieses Ausdrucks, ganz von dem Zeichen der Differenz

$$D = \text{Sin}\,\alpha^2\,\text{Sin}\,x^2 - \text{Sin}\,\varrho^2 \text{ abhängt.}$$

Es ist aber

$$\text{Sin}\,x^2 = 1 - \text{Cos}\,x^2 =$$

$$1 - \text{Tg}\,\alpha^2\,\text{Cotg}\,\beta^2 = \frac{\text{Cos}\,\alpha^2\,\text{Sin}\,\beta^2 - \text{Sin}\,\alpha^2\,\text{Cos}\,\beta^2}{\text{Cos}\,\alpha^2\,\text{Sin}\,\beta^2}$$

$$= -\frac{\text{Sin}\,(\alpha + \beta)\,\text{Sin}\,(\alpha - \beta)}{\text{Cos}\,\alpha^2\,\text{Sin}\,\beta^2};\text{ und}$$

$$\text{Sin}\,\varrho^2 = 1 - \text{Cos}\,\varrho^2 = 1 - \frac{\text{Cos}\,\beta^2}{\text{Cos}\,\alpha^2} = \frac{\text{Cos}\,\alpha^2 - \text{Cos}\,\beta^2}{\text{Cos}\,\alpha^2}$$

folglich

$$D = -\frac{\text{Sin}\,\alpha^2\,\text{Sin}\,(\alpha + \beta)\,\text{Sin}\,(\alpha - \beta)}{\text{Cos}\,\alpha^2\,\text{Sin}\,\beta^2} - \frac{\text{Cos}\,\alpha^2 - \text{Cos}\,\beta^2}{\text{Cos}\,\alpha^2}$$

$$= -\frac{\operatorname{Sin}\alpha^2 \operatorname{Sin}(\alpha+\beta) \operatorname{Sin}(\alpha-\beta)}{\operatorname{Cos}\alpha^2 \operatorname{Sin}\beta^2} + \frac{\operatorname{Sin}(\alpha+\beta) \operatorname{Sin}(\alpha-\beta)}{\operatorname{Cos}\alpha^2}$$

$$= \frac{\operatorname{Sin}(\alpha+\beta) \operatorname{Sin}(\alpha-\beta)}{\operatorname{Cos}\alpha^2 \operatorname{Sin}\beta^2} (\operatorname{Sin}\beta^2 - \operatorname{Sin}\alpha^2)$$

$$= -\left[\frac{\operatorname{Sin}(\alpha+\beta) \operatorname{Sin}(\alpha-\beta)}{\operatorname{Cos}\alpha \operatorname{Sin}\beta}\right]^2$$

und also die Geschwindigkeit ein Max. für $\operatorname{Cos} x = \operatorname{Tg}\alpha \,.\, \operatorname{Cotg}\beta$.

Wird ferner in 9)

II. $\operatorname{Cotg}\alpha \operatorname{Tg}\beta \operatorname{Cos}\gamma$ für $\operatorname{Cos}(\gamma + x)$ gesetzt, so entsteht

$R = \operatorname{Sin} 2\gamma \,.\, \frac{\operatorname{Sin}\beta^2 \operatorname{Sin} x^2 - \operatorname{Sin}\varrho^2}{\operatorname{Sin}\varrho \operatorname{Sin} x}$ und die Differenz $\operatorname{Sin}\beta^2 \operatorname{Sin} x^2 - \operatorname{Sin}\varrho^2$ wird, nach Substitution der Werthe für $\operatorname{Sin} x^2$ und $\operatorname{Sin}\varrho^2$ gleich $-\left[\frac{\operatorname{Sin}(\alpha+\beta) \operatorname{Sin}(a-\beta)}{\operatorname{Sin}\alpha \operatorname{Cos}\beta}\right]^2$, so daß also die Geschwindigkeit, für $\operatorname{Cos} x = \operatorname{Cotg}\alpha \operatorname{Tg}\beta$ ebenfalls ein Max. ist.

§. 43.

Aufgabe.

Es ist eine gerade Linie KL = c (Fig. 17) gegeben, und in ihren Endpunkten K, L sind die unbegränzten, auf einerlei Seite von KL liegenden Normalen KP, LQ errichtet. Man soll durch den, zwischen KP, LQ und KL liegenden Punkt T, gegeben durch die Abscisse KN = a und die rechtwinklichte Ordinate NT = b, diejenige gerade Linie legen, für welche das Produkt, der von ihr auf KP, LQ oberhalb KL, abgeschnittenen Stücke ein Max. oder Min. ist.

Auflösung.

Die verlangte Linie treffe L K in der Verlängerung links K unter dem Winkel x, so ist das auf KP abgeschnittene Stück $= b - a \, Tg\, x$, und das auf LQ abgeschnittene $= b + (c - a)\, Tg\, x$, folglich das Product, oder

$$u = b^2 + b\,(c - 2a)\, Tg\, x - a\,(c - a)\, Tg\, x^2;$$

und also

$$du = b\,(c - 2a)\, Sec\, x^2 - 2a\,(c - a)\, Tg\, x\, Sec\, x^2.$$

Aus $du = 0$ folgt dann sogleich

$$Tg\, x = \frac{b\,(c - 2a)}{2a\,(c - a)}.$$

Für diesen Werth von x ist dann $d^2 u = -2a\,(c - a)\, Sec\, x^4$; folglich das Product ein Max.

Das Stück auf KP erhält man $= \frac{bc}{2\,(c-a)}$, und also ist die Gleichung für die gefundene gerade Linie, die Abscissen von K ab, auf KL gemessen, durch y, die zugehörigen rechtwinklichten Ordinaten durch z ausgedrückt;

$$z = \frac{bc}{2\,(c-a)} + \frac{b\,(c - 2a)}{2a\,(c - a)} \cdot y$$

Ist $a > c$; etwa $a = c + e$, so erhält man für u ein Min. wenn die Gleichung

$$z = -\frac{bc}{2e} + \frac{b\,(c + 2e)}{2e\,(c + e)}\, y$$ statt findet.

Ist $a = -e$, so hat man ebenfalls ein Min., und die Gleichung ist

$$z = \frac{bc}{2\,(c+e)} - \frac{b\,(c + 2e)}{2e\,(c + e)} \cdot y.$$

§. 44.
Zusatz.

Soll die Summe der Quadrate der abgeschnittenen Stücke ein Max. oder Min. werden, so ergiebt sich ein Min., für

$$z = \frac{bc(c-a) + b(2a-c)y}{a^2 + (c-a)^2}.$$

§. 45.
Aufgabe.

Es ist eine gerade Linie KL = c (Fig. 17) gegeben, und in ihren Endpunkten K, L sind die unbegränzten Normalen KP, LQ errichtet. Man soll durch den zwischen KP, LQ und KL liegenden Punkt T, gegeben durch die Abscisse KN = a und die rechtwinklichte Ordinate NT = b, eine Curve legen, welche die Eigenschaft hat, daß für **jeden Punkt** derselben, die Tangente dieses Punktes von KP und LQ Stücke abschneidet, deren Product ein Max. oder Min. ist.

Auflösung.

Es sei c die Abscissen-Linie, K der Anfangspunkt der Abscissen; jede Abscisse = y; die zugehörige rechtwinklichte Ordinate = $z = \varphi y$, so ist für **jeden Punkt der Curve**, die Tangente des Winkels β, welchen die Curventangente mit c bildet $= dz = \varphi' y$, und daher das auf KP abgeschnittene Stück $= z - y dz$; das auf LQ aber $= z + (c - y) dz$, also das Product beider, oder

$$u = z^2 + z(c - 2y) dz - y(c - y)(dz)^2$$

folglich, y als die Urvariable betrachtet,

$$du = [(c - 2y) z - 2y(c - y) dz] \,.\, d^2 z.$$

Daher, fürs Max. oder Min. entweder

1) $d^2 z = o$; oder

2) $(c - 2y) z - 2y (c - y) dz = o$.

Aus 1) folgt $dz = \varphi' y =$ Const., d. h. β bleibt für jeden Punkt der Curve unveränderlich, die Curve ist also eine gerade Linie, deren Lage in §. 43 schon bestimmt ist.

Aus 2) folgt:

$$\frac{dz}{z} = \frac{c - 2y}{2cy - 2y^2} \text{ oder}$$

$$2 \cdot \frac{dz}{z} = \frac{d(cy - y^2)}{cy - y^2}; \text{ also}$$

$$\ln (z^2) = \ln (cy - y^2) + C.$$

Für $y = a$ muß $z = b$ werden, und hieraus bestimmt sich

$$C = \ln (b^2) - \ln (ca - a^2); \text{ folglich ist}$$

$$\ln (z^2) = \ln (cy - y^2) + \ln (b^2) - \ln (ca - a^2)$$

oder:

$$z^2 = \frac{b^2 (cy - y^2)}{ca - a^2}; \text{ oder auch}$$

$$z^2 = \frac{\left(\frac{bc}{\sqrt{ca - a^2}}\right)^2}{c^2} \cdot (cy - y^2)$$

so daß also die verlangte Curve eine Ellipse ist, welche c zur großen Achse und $\frac{bc}{\sqrt{ca - a^2}}$ zur kleinen Achse hat.

Aus dem Werth für du, erhält man für das gefundene z; $d^2 u = o$; die Beurtheilung ob ein Max. oder Min. gefunden ist, muß also aus $d^3 u$ und $d^4 u$ erfolgen; man erhält aber für den gefundenen Werth von z nicht nur, wie fürs Max. oder Min. erforderlich ist, $d^3 u = o$, sondern auch $d^4 u = o$, so daß man noch weiter gehen müßte, wenn nicht schon für den Punkt T der erhaltenen Curve aus §. 43 bekannt wäre, daß das Produkt u ein Max. ist, wenn nemlich die in §. 43 gefundene Linie, die Tangente der hier gefundenen Curve ist.

Es ist aber, wenn γ im Allgemeinen den Winkel bezeichnet, den die Tangente der Curve mit der Abscissenlinie bildet,

$\mathrm{Tg}\,\gamma = dz = \frac{b^2}{ca - a^2} \cdot \frac{c - 2y}{2z}$; also für

$y = a$ und $z = b$;

$$\mathrm{Tg}\,\gamma = \frac{b(c - 2a)}{2a(c - a)}$$

welcher Werth mit dem für $\mathrm{Tg}\,x$ in §. 43 übereinstimmt.

§. 46.

Zusatz.

Soll die Curve durch T gefunden werden, für welche jede Tangente, von KP und LQ Stücke abschneidet, deren Summe der Quadrate ein Max. oder Min. ist, so erhält man, bei derselben Bezeichnung die Gleichung

$$z^2 = \frac{b^2}{a^2 + (c - a)^2} \cdot [c^2 - 2cy + 2y^2].$$

Bezeichnet man nun $a^2 + (c - a)^2$ mit p^2; so ist die kleinste Ordinate $= \frac{bc}{p\sqrt{2}}$; und wird dann

y durch $\frac{c}{2} \pm w$; $\frac{bc\sqrt{2}}{p}$ durch h und

z durch $\frac{bc}{p\sqrt{2}} + v$ ausgedrückt,

so entsteht

$$w^2 = \frac{c^2}{h^2} \cdot [hv + v^2],$$ so daß

also die gefundene Curve eine Hyperbel ist, deren Scheitelpunkt über der Mitte von c in der Entfernung $\frac{bc}{p\sqrt{2}}$, deren Durchschnittspunkte mit KP, LQ aber in der Höhe $\frac{bc}{p}$ über KL liegen.

§. 47.

Aufgabe.

In der Achse AB einer Parabel ist der Punkt B (Fig. 18) gegeben; man soll zwischen A und B den Punkt G der Bedingung gemäß bestimmen, daß der Umfang des gleichschenklichten Dreiecks BFE ein Max. oder Min. werde.

Auflösung.

Es sei $AB = a$; die rechtwinklichte Ordinate $BC = BD = b$; also der Parameter $p = \frac{b^2}{a}$; daher, wenn $DG = x$; die rechtwinklichte Ordinate $G\Gamma = GE = y$ gesetzt wird, $y^2 = \frac{b^2}{a} \cdot (a - x)$, und folglich der Umfang u des Dreiecks $BEF = 2y + 2\sqrt{x^2 + y^2}$; oder

$$u = 2 \cdot \left[\sqrt{b^2 - \frac{b^2}{a}x} + \sqrt{x^2 + b^2 - \frac{b^2}{a}x}\right]$$

$$= \frac{2}{\sqrt{a}} \cdot [b\sqrt{a-x} + \sqrt{ab^2 + ax^2 - b^2x}]$$

und es kommt also darauf an, die Werthe von x zu finden, für welche

1) $\varphi x = b\sqrt{a-x} + \sqrt{ab^2 + ax^2 - b^2x}$ ein Max. oder Min. wird.

Es ergiebt sich sogleich:

2) $\varphi' x = \frac{[2ax - b^2]\sqrt{a-x} - b.\sqrt{ab^2 + ax^2 - b^2 x}}{2.\sqrt{a-x}.\sqrt{ab^2 + ax^2 - b^2 x}}.$

und, aus $\varphi' x = 0$ folgt:

3) $(2ax - b^2)\sqrt{a-x} = b.\sqrt{ab^2 + ax^2 - b^2 x}.$

Aus 3) entspringt:

$[2ax - b^2]^2.(a-x) = b^4(a-x) + ab^2 x^2$, oder

4) $4ax.(a-x)[ax - b^2] = ab^2 x^2$

welcher Gleichung für $x = 0$ Genüge geschieht, welches Resultat aber kein Dreieck liefert. Die Gleichung 4) giebt aber auch, nachdem mit ax dividirt ist, folgende geordnete Gleichung:

5) $x^2 - \frac{4a^2 + 3b^2}{4a} x + b^2 = 0$ und aus ihr folgt:

6) $x = \frac{4a^2 + 3b^2 \pm \sqrt{(4a^2 + 3b^2)^2 - (8ab)^2}}{8a}.$

Es kann hiernach also nur dann ein Max. oder Min. hervorgehen, wenn

7) $4a^2 + 3b^2 \geqq 8ab$ ist, d. h.

wenn $4(a-b)^2 \geqq b^2$; oder

wenn, sowohl $2(a-b) \geqq b$

als $2(b-a) \geqq b$ ist, woraus sich ergiebt

8) $a \geqq \frac{3}{2} b$ und

9) $a \leqq \frac{1}{2} b$, so daß also für diejenigen Werthe von a, welche zwischen $\frac{1}{2} b$ und $\frac{3}{2} b$ fallen, weder ein Max. noch ein Min. statt finden kann.

Nun ist für die Werthe von x welche der Gleichung 3) Genüge leisten

10) $\varphi'' x = \left[2a\sqrt{a-x} - \frac{2ax - b^2}{2\sqrt{a-x}} - \frac{(2ax - b^2)b}{2\sqrt{ab^2 + ax^2 - b^2 x}}\right] :$

$2\sqrt{a-x}.\sqrt{ab^2 + ax^2 - b^2 x}$

oder, weil die Factoren des Nenners hier positiv zu denken sind, und es nur darauf ankommt zu beurtheilen, ob $q\,x$ positiv oder negativ wird; wenn aus 3.

$$\frac{1}{\sqrt{a-x}} \text{ für } \frac{2ax-b^2}{\sqrt{ab^2+ax^2-b^2x}}$$

geschrieben wird; der Dividend des Ausdrucks in 10

$= 2a\sqrt{a-x} - \frac{ax}{\sqrt{a-x}}$, oder

$= a \cdot \frac{2a-3x}{\sqrt{a-x}}$, so daß also der positive oder negative Werth, von $N = 2a - 3x$ entscheiden wird. Substituirt man aus 6) den Werth für x, so hat man:

11) $N = \frac{4a^2-9b^2+3\cdot\sqrt{(4a^2+3b^2)^2-(8ab)^2}}{8a}$.

Für $x = \frac{4a^2+3b^2+\sqrt{(4a^2+3b^2)^2-(8ab)^2}}{8a} = c$

kommt es also auf den positiven oder negativen Werth von $M = 4a^2 - 9b^2 - 3\sqrt{(4a^2+3b^2)^2-(8ab)^2}$ und für

$$x = \frac{4a^2+3b^2-\sqrt{(4a^2+3b^2)^2-(8ab)^2}}{8a} = c'$$

auf den, von

$M' = 4a^2 - 9b^2 + 3\sqrt{(4a^2+3b^2)^2-(8ab)^2}$ an.

Ist nun nach 8) $a > \frac{3}{2}b$, also auch $4a^2 > 9b^2$, so ist für $x = c$; u ein Max. wenn

$4a^2 - 9b^2 < 3\sqrt{(4a^2+3b^2)^2-(8ab)^2}$ oder

$(4a^2-9b^2)^2 < 9(4a^2+3b^2)^2 - 9\cdot(8ab)^2$ oder

$3b < 2a$; oder $a < \frac{3}{2}b$; ein Min. aber, wenn $a < \frac{3}{2}b$ ist, welches gegen die Voraussetzung $a > \frac{3}{2}b$ streitet; d. h.

12) Für $x = c$ ist u ein Max., wenn $a > \frac{3}{2}b$ ist.

Ist aber nach 9) $a < \frac{1}{2}b$; also $b^2 > 4a^2$ folglich um so mehr $9b^2 > 4a^2$, so ist $4a^2 - 9b^2$ negativ, also um so mehr M negativ, also ist

13) u ein Max. für $x = c$ wenn $a < \frac{1}{2} b$ ist.

Für $x = c'$ hat man ferner, wenn $a > \frac{3}{2} b$ also auch $4a^2 > 9b^2$ ist, M' positiv, d. h.

14) Für $x = c'$ ist u ein Min., wenn $a > \frac{3}{2} b$.

Endlich für $x = c'$ und $a < \frac{1}{2} b$, also $4a^2 - 9b^2$ = einer negativen Größe kommt es darauf an, ob $3\sqrt{(4a^2 + 3b^2)^2 - (8ab)^2}$ oder $9b^2 - 4a^2$ größer ist. Es ist aber für $a < \frac{3}{2} b$, schon $9b^2 - 4a^2 > 3\sqrt{(4a^2 + 3b^2)^2 - (8ab)^2}$ also um so mehr, wenn $a < \frac{1}{2} b$ ist. Folglich ist

15) u ein Max., für $x = c'$ wenn $a < \frac{1}{2} b$ ist.

Man hat also:

1tens für $x = c$ ein Max. für den Umfang u, mag $a > \frac{3}{2} b$ oder $a < \frac{1}{2} b$ sein.

2tens für $x = c'$ ein Min. für u, wenn $a > \frac{3}{2} b$; ein Max. aber, wenn $a < \frac{1}{2} b$ ist.

Nun muß aber auch, der Natur der Aufgabe gemäß, $x < a$ sein, man mag den Werth c oder den c' für x schreiben; indem sonst kein verlangtes Dreieck entstehen würde, und es fragt sich also noch ob die für c und c' gefundenen Werthe dieser Bedingung, und zugleich denen in 8) und 9) entsprechen können.

Aus $c < a$ oder

$$a > \frac{4a^2 + 3b^2 + \sqrt{(4a^2 + 3b^2)^2 - 64a^2b^2}}{8a}$$

folgt aber:

$$4a^2 - 3b^2 > \sqrt{(4a^2 + 3b^2)^2 - 64a^2b^2}$$

welche Bedingung nur dann immer erfüllt ist, wenn $4a^2 > 3b^2$; also wenn $a > \frac{\sqrt{3}}{2} . b$ ist.

Diese Bedingung besteht nun, wenn die in 8) nemlich $a > \frac{3}{2} b$; statt findet, aber mit der in 9) kann sie nicht zugleich bestehen, und es ist also

I. u nur dann ein Max., wenn $a > \frac{3}{2} b$ und $x = c$ ist.

Ferner folgt aus $c' < a$; oder

$$a > \frac{4a^2 + 3b^2 - \sqrt{(4a^2 + 3b^2)^2 - 64 a^2 b^2}}{8a}$$

daß

$4a^2 - 3b^2 > -\sqrt{(4a^2 + 3b^2)^2 - 64 a^2 b^2}$ sein muß, welche Bedingung ebenfalls immer erfüllt sein wird, wenn $4a^2 > 3b^2$ ist; aber auch in denen Fällen eintreten könnte, wenn $4a^2 < 3b^2$ ist, nur müßte dann nothwendig $\sqrt{(4a^2 + 3b^2)^2 - 64 a^2 b^2} > 3b^2 - 4a^2$ sein können, woraus die Unmöglichkeit $16 a^2 b^2 < 0$ entspringt.

Es ist folglich nur dann $c' < a$, wenn $4a^2 > 3b^2$ ist, so daß also

II. u nur dann ein Min. ist, wenn $a > \frac{3}{2} b$, und $x = c'$ ist.

§. 48.

Aufgabe.

In einer Ellipse das größte oder kleinste der Parallelogramme anzugeben, welche die bestimmten Winkel α und $\pi - \alpha$ haben, unter α den spitzen Winkel verstanden.

Auflösung.

Die große Achse der gegebenen Ellipse, AB sei $= a$; die kleine $= c$; e bezeichne die Excentricität $\frac{\sqrt{a^2 - c^2}}{}$; FCDE (Fig. 19) sei das verlangte Parallelogramm, $\angle$ CFE $= \alpha$; M der Mittelpunkt der Ellipse; für die Punkte F, D, sollen die Abscissen MH, ML durch x, die zugehörigen rechtwinklichten Ordinaten FH, DL durch y; für die Punkte C, E, aber, die Abscissen MG, MK durch u, die zugehörigen rechtwinklichten Ordinaten CG, EK durch z ausgedrückt werden, unter x, y, u, z, die absoluten Werthe verstanden. Zieht man FN normal auf EK, so ist

$$\text{Tg NFE} = \frac{\text{EN}}{\text{FN}} = \frac{z - y}{x + u};$$

$$\text{Tg CFN} = \frac{\text{CG} + \text{FH}}{\text{HG}} = \frac{z + y}{x - u}; \text{ also}$$

$$\text{Tg}\,\alpha = \text{Tg}\,(\text{NFE} + \text{CFN})$$

$$= \frac{\text{Tg NFE} + \text{Tg CFN}}{1 - \text{Tg NFE} \,.\, \text{Tg CFN}};$$ oder nach Substitution der Werthe;

$$1)\ \text{Tg}\,\alpha = 2 \,.\, \frac{xz + uy}{x^2 - u^2 - z^2 + y^2}.$$

Es ist aber $y^2 = \frac{c^2}{a^2}\left(\frac{a^2}{4} - x^2\right)$;

$$z^2 = \frac{c^2}{a^2}\left(\frac{a^2}{4} - u^2\right);$$

und substituirt man diese Werthe im Nenner, und setzt zugleich $4e^2$ für $a^2 - c^2$, so wird aus 1) wenn $\frac{2e^2 \text{Tg}\,\alpha}{a^2}$ durch b ausgedrückt wird; die Bedingungs-Gleichung:

$$2)\ b\,(x^2 - u^2) - (xz + uy) = 0.$$

Nun ist aber

$$\text{Sin CMG} = \frac{\text{CG}}{\text{CM}} = \frac{z}{\text{CM}};$$

$$\text{Cos CMG} = \frac{\text{GM}}{\text{CM}} = \frac{u}{\text{CM}};$$

$$\text{Sin } FMH = \frac{FH}{FM} = \frac{y}{FM};$$

$$\text{Cos } FMH = \frac{HM}{FM} = \frac{x}{FM}; \text{ daher}$$

$$\text{Sin } CMF = \text{Sin }(CMG + FMH) =$$

$\frac{xz + uy}{CM.FM}$; und der Inhalt des Parallelogramms CDEF oder

$P = \frac{1}{2} . CE . DF . \text{Sin } CMF$

$= 2 . CM . MF . \text{Sin } CMF$; oder den Werth für Sin CMF gesetzt:

3) $P = 2 . (xz + uy)$ oder auch, aus 2)

4) $P = 2b\,(x^2 - u^2)$.

Setzt man in 2) die Werthe für y und z, so entsteht:

5) $b\,(x^2 - u^2) - \frac{cx}{2a}\sqrt{a^2 - 4u^2} - \frac{cu}{2a}\sqrt{a^2 - 4x^2} = 0$

und wird nun

6) $P = 2b(x^2 - u^2) + n\left[b(x^2 - u^2) - \frac{cx}{2a}\sqrt{a^2 - 4u^2} - \frac{cu}{2a}\sqrt{a^2 - 4x^2}\right]$

gesetzt, so erhält man

$$\frac{dP}{dx} = 4bx + n\left[2bx - \frac{c}{2a}\sqrt{a^2 - 4u^2} + \frac{2cux}{a\sqrt{a^2 - 4x^2}}\right] = 0;$$

$$\frac{dP}{du} = -4bu + n\left[-2bu + \frac{2cux}{a\sqrt{a^2 - 4u^2}} - \frac{c}{2a}\sqrt{a^2 - 4x^2}\right] = 0.$$

Eliminirt man aus beiden Gleichungen n, so entsteht, nach Division mit $x\sqrt{a^2 - 4x^2} + u . \sqrt{a^2 - 4u^2}$;

7) $4ux = \sqrt{a^2 - 4u^2} . \sqrt{a^2 - 4x^2}$

und hieraus

8) $4u^2 = a^2 - 4x^2$

Wird der dieser Gleichung entsprechende Werth von u in 5) gesetzt, so erhält man

9) $b\left(2x^2 - \frac{a^2}{4}\right) = \frac{c}{2a}x \cdot 2x + \frac{a}{4a}(a^2 - 4x^2)$

woraus

10) $x^2 = \frac{a^2 b + ac}{8b}$ sich ergiebt.

Aus 10) entsteht, den Werth für b gesetzt

11) $x = \frac{a}{4e}\sqrt{2e^2 + ac\,\mathrm{Cotg}\,\alpha}$

und dann, aus 8)

12) $u = \frac{a}{4e} \cdot \sqrt{2e^2 - ac\,\mathrm{Cotg}\,\alpha}$.

Der Inhalt des zugehörigen Parallelogramms aber aus 4) nemlich

13) $P = \frac{ac}{2}$;

Aus 12) folgt auch noch

$2e^2 \gtreqless ac\,\mathrm{Cotg}\,\alpha$; oder

14) $\mathrm{Tg}\,\alpha \gtreqless \frac{2ac}{a^2 - c^2}$

und für jeden Werth von α, der 14) entspricht, ist der Inhalt des größten oder kleinsten Parallelogramms $= \frac{ac}{2}$.

Zur theoretischen Untersuchung ob ein Max. oder Min. gefunden ist, hat man aus

$P = 2b(x^2 - u^2)$ siehe 4) und aus

$R = b(x^2 - u^2) - \frac{cx}{2a}\sqrt{a^2 - 4u^2} - \frac{cu}{2a}\sqrt{a^2 - 4x^2} = 0$

siehe 5) nach §. 14.

$\frac{dx}{du} = -\frac{dR}{du} : \frac{dR}{dx} =$

$\frac{4abu\sqrt{a^2 - 4x^2} \cdot \sqrt{a^2 - 4u^2} + c(a^2 - 4x^2)\sqrt{a^2 - 4u^2} - 4cxu\sqrt{a^2 - 4x^2}}{4abx \cdot \sqrt{a^2 - 4x^2} \cdot \sqrt{a^2 - 4u^2} - c(a^2 - 4u^2)\sqrt{a^2 - 4x^2} + 4cxu \cdot \sqrt{a^2 - 4u^2}}$;

ferner:

$$\left|\frac{dP}{du}\right| = + \frac{dP}{dx} \cdot \frac{dx}{du} + \frac{dP}{du}$$

$$= 4bc \frac{[a^2 - 4(x^2 + u^2)][x\sqrt{a^2 - 4u^2} + u\sqrt{a^2 - 4x^2}]}{4abx\sqrt{a^2 - 4x^2} \cdot \sqrt{a^2 - 4u^2} - c(a^2 - 4u^2)\sqrt{a^2 - 4x^2} + 4cxu\sqrt{a^2 - 4u^2}}$$

und hieraus, für die Gleichung 8) gültig:

$$\left|\frac{d^2P}{du^2}\right|$$

$$= -32bc \frac{[x\sqrt{a^2 - 4u^2} + u\sqrt{a^2 - 4x^2}]\left[u + x \cdot \frac{dx}{du}\right]}{[4abx\sqrt{a^2 - 4x^2} - c\sqrt{a^2 - 4x^2} \cdot \sqrt{a^2 - 4u^2} + 4cxu]\sqrt{a^2 - 4u^2}}$$

woraus, wenn der Werth für $\frac{dx}{du}$ gesetzt, und die Gleichungen 7, 8 und 10 benutzt werden, hervorgeht:

$$\left|\frac{d^2P}{du^2}\right| = - \frac{16bc}{ab + c}$$

so daß also ein Max. gefunden ist.

§. 49.

Zusatz.

Läßt man die Bedingung des festgesetzten Winkels weg, sucht also überhaupt, das größte Parallelogramm P in einer gegebenen Ellipse, so hat man blos, bei derselben Bezeichnung, aus 3)

$P = 2(xz + uy)$, oder, für y und z die Werthe gesetzt,

$$P = \frac{c}{a}[x\sqrt{a^2 - 4u^2} + u \cdot \sqrt{a^2 - 4x^2}].$$

Aus $\frac{dP}{dx} = 0$ und $\frac{dP}{du} = 0$ entsteht nun jedesmal dieselbe Gleichung, nemlich

$\sqrt{a^2 - 4x^2} \cdot \sqrt{a^2 - 4u^2} = 4xu$, und hieraus $4 \cdot (x^2 + u^2) = a^2$, so daß also die eine der Größen x, u willkührlich gewählt, die andere aber, dieser Zahl gemäß, aus der Gleichung

$4\,(x^2 + u^2) = a^2$ zu bestimmen ist.

Für diese Gleichung hat man nun ferner

$$\frac{d^2P}{dx^2} = -\frac{a^2}{2u^2};$$

$$\frac{d^2P}{dx^2} = -\frac{a^2}{2x^2};\text{ und}$$

$$\frac{d^2P}{dx\,.\,du}\,. = -\frac{a^2}{2ux}\text{ und folglich}$$

$$\frac{d^2P}{dx^2}\,.\,\frac{d^2P}{du^2} - \left[\frac{d^2P}{dx\,.\,du}\right]^2 = 0,$$ also noch nicht negativ, so daß demnach ein Max. gefunden ist.

Den Inhalt dieses größten Parallelogramms, erhält man, für alle der Gleichung

$$4\,(x^2 + u^2) = a^2$$

entsprechenden Werthe von x und u,

$$= \frac{c}{a}\,.\,[2x^2 + 2u^2];\text{ oder}$$

$$P = \frac{ac}{2}.$$

§. 50.

Aufgabe.

Es bezeichne α den Winkel (wie immer, in Längenmaaß für den Halbmesser = 1 verstanden) eines sphärischen Dreiecks, und zwar sei $\alpha < \pi$; ferner sei a der Inhalt dieses Dreiecks. Man soll die beiden andern Winkel β, γ der Bedingung gemäß bestimmen, daß bei dem gegebenen Inhalt a, der Umfang u ein Max. oder Min. werde.

Auflösung.

Versteht man unter x, y, z die den Winkeln α, β, γ gegenüberliegenden Seiten, so hat man die Bedingungs-Gleichungen, den Halbmesser der Kugel $= 1$ gesetzt,

1) $\alpha + \beta + \gamma - \pi = a$ (§. 541 meiner Geom.)

2) $u = x + y + z =$ Max. oder Min., oder
$a + \pi - \alpha$ durch δ ausgedrückt

3) $\beta + \gamma = \delta$

4) $du = dx + dy + dz = 0.$

Betrachtet man nun β als die Urvariable, so folgt aus 3)

5) $d\gamma = -1$

Nun ist aber bekanntlich:

6) $\mathrm{Cos}\, x = \dfrac{\mathrm{Cos}\,\beta\, \mathrm{Cos}\,\gamma + \mathrm{Cos}\,\alpha}{\mathrm{Sin}\,\beta\, \mathrm{Sin}\,\gamma}$ (§. 570 meiner Geom.)

7) $\mathrm{Cos}\, y = \dfrac{\mathrm{Cos}\,\alpha\, \mathrm{Cos}\,\gamma + \mathrm{Cos}\,\beta}{\mathrm{Sin}\,\alpha\, \mathrm{Sin}\,\gamma}$

8) $\mathrm{Cos}\, z = \dfrac{\mathrm{Cos}\,\alpha\, \mathrm{Cos}\,\beta + \mathrm{Cos}\,\gamma}{\mathrm{Sin}\,\alpha\, \mathrm{Sin}\,\beta}$

und hieraus ergiebt sich, wenn

9) $\mathrm{Cos}\,\alpha + \mathrm{Cos}\,\delta$ durch b ausgedrückt wird;

10) $dx = -\dfrac{b\, \mathrm{Sin}\,(\beta - \gamma)}{\mathrm{Sin}\,\beta^2\, \mathrm{Sin}\,\gamma^2\, \mathrm{Sin}\,x}$;

11) $dy = -\dfrac{b}{\mathrm{Sin}\,\alpha\, \mathrm{Sin}\,\gamma^2\, \mathrm{Sin}\,y}$;

12) $dz = +\dfrac{b}{\mathrm{Sin}\,\alpha\, \mathrm{Sin}\,\beta^2\, \mathrm{Sin}\,z}$.

Nun ist aber

13) $\mathrm{Sin}\,\alpha\, \mathrm{Sin}\,z = \mathrm{Sin}\,\gamma\, \mathrm{Sin}\,x$

14) $\mathrm{Sin}\,\alpha\, \mathrm{Sin}\,y = \mathrm{Sin}\,\beta\, \mathrm{Sin}\,x$; folglich aus 11)

15) $dy = - \frac{b}{\sin\beta \sin\gamma^2 \sin x}$; und aus 12)

16) $dz = + \frac{b}{\sin\beta^2 \sin\gamma \sin x}$

und die Gleichung 4) verwandelt sich, in

17) $du = \frac{b}{\sin\beta^2 \sin\gamma^2 \sin x}.[\sin\gamma - \sin\beta - \sin(\beta-\gamma)] = 0$

welcher Genüge geschieht, für

$$\sin\gamma - \sin\beta = \sin(\beta-\gamma) \text{ oder}$$

$2\cos\frac{\beta+\gamma}{2} . \sin\frac{\gamma-\beta}{2} = 2\sin\frac{\gamma+\beta}{2} . \cos\frac{\beta-\gamma}{2}$; oder

$\sin\frac{\beta-\gamma}{2}\left(\cos\frac{\beta+\gamma}{2} + \cos\frac{\beta-\gamma}{2}\right) = 0$; oder auch

$\sin\frac{\beta-\gamma}{2}\cos\frac{\beta}{2} . \cos\frac{\gamma}{2} = 0$;

woraus

18) $\beta = \gamma = \frac{\delta}{2} = \frac{a-\alpha}{2} + \frac{\pi}{2}$

folgt.

Für diese Werthe von β und γ ist nun aus 6)

$$\cos x = \frac{\left(\cos\frac{\delta}{2}\right)^2 + \cos\alpha}{\left(\sin\frac{\delta}{2}\right)^2} \text{ oder}$$

$$\cos x = \frac{1 + \cos\delta + 2\cos\alpha}{1 - \cos\delta}$$

$$= \frac{1 - \cos(a-\alpha) + 2\cos\alpha}{1 + \cos(a-\alpha)}$$

und es muß daher nothwendig

$1 + \cos(a-\alpha) \geqq 1 - \cos(a-\alpha) + 2\cos\alpha$; oder

$$\cos(a-\alpha) \geqq \cos\alpha; \text{ also}$$

19) $a \overline{\gtrless} 2\alpha$ sein.

Ferner ist, für $\gamma = \beta = \frac{\delta}{2} = \frac{a - \alpha}{2} + \frac{\pi}{2}$; aus 7) und 8)

$$\mathrm{Cos}\ y = \mathrm{Cos}\ z = \frac{(1 + \mathrm{Cos}\,\alpha)\,\mathrm{Cos}\,\beta}{\mathrm{Sin}\,\alpha\,\mathrm{Sin}\,\beta}$$

$$= \frac{\mathrm{Cos}\,\frac{\alpha}{2}\ \mathrm{Cos}\,\frac{\delta}{2}}{\mathrm{Sin}\,\frac{\alpha}{2}\ \mathrm{Sin}\,\frac{\delta}{2}} \text{ oder auch } = - \frac{\mathrm{Cos}\,\frac{\alpha}{2}\ \mathrm{Sin}\,\frac{a-\alpha}{2}}{\mathrm{Sin}\,\frac{\alpha}{2}\,.\ \mathrm{Cos}\,\frac{a-\alpha}{2}};$$

und es muß daher

$$\mathrm{Cos}\,\frac{\alpha}{2}\ \mathrm{Cos}\,\frac{\delta}{2} \gtreqless \mathrm{Sin}\,\frac{\alpha}{2}\ \mathrm{Sin}\,\frac{\delta}{2} \text{ oder}$$

$$1 + \mathrm{Cos}\left(\frac{\alpha}{2} + \frac{\delta}{2}\right) \gtreqless 1; \text{ oder}$$

$$2\left(\mathrm{Cos}\,\frac{\alpha + \delta}{4}\right)^2 \gtreqless 1; \text{ oder}$$

$$\left(\mathrm{Cos}\,\frac{a + \pi}{4}\right)^2 \gtreqless \tfrac{1}{2}; \text{ oder}$$

$$\left(\mathrm{Cos}\,\frac{a + \pi}{4}\right)^2 \gtreqless \left(\mathrm{Cos}\,\frac{\pi}{4}\right) \text{ sein,}$$

welches, der Bedingung 19) gemäß, immer der Fall ist.

Für $\beta = \gamma$ folgt ferner aus 17)

$$d^2 u = \frac{b}{\mathrm{Sin}\,\beta^4\ \mathrm{Sin}\,x}\, d\,[\mathrm{Sin}\,\gamma - \mathrm{Sin}\,\beta - \mathrm{Sin}\,(\beta - \gamma)]$$

und da Sin x nothwendig positiv ist, so hängt also die Beurtheilung des positiven oder negativen Werths von $d^2 u$ blos davon ab, ob

$R = b\ d\ [\mathrm{Sin}\,\gamma - \mathrm{Sin}\,\beta - \mathrm{Sin}\,(\beta - \gamma)]$ für $\beta = \gamma$; positiv oder negativ wird.

Es ist aber

$$R = (\mathrm{Cos}\,\alpha + \mathrm{Cos}\,\delta)\,[-\mathrm{Cos}\,\gamma - \mathrm{Cos}\,\beta - 2\,\mathrm{Cos}\,(\beta - \gamma)]$$

$$= -2\,[\mathrm{Cos}\,\alpha + \mathrm{Cos}\,\delta]\,[1 + \mathrm{Cos}\,\beta]$$

so daß also nur das Zeichen, von $P = -(\text{Cos}\,\alpha + \text{Cos}\,\delta)$ zu beurtheilen bleibt. Nun ist aber sogleich

$$P = 2\,\text{Sin}\,\frac{a}{2}\,\text{Sin}\,\frac{2\alpha - a}{2}$$

und da, nach 19) $2\pi > a$; α aber $< \pi$ ist, so ist also P immer positiv, und es liefert daher

$$\beta = \gamma = \frac{a + \pi - \alpha}{2}$$

immer ein Kleinstes.

§. 51.

Aufgabe.

Der Inhalt eines sphärischen Dreiecks soll $= a$ werden. Die Winkel und Seiten desselben der Bedingung gemäß zu bestimmen, daß der Umfang u ein Max. oder Min. werde.

Auflösung.

Bezeichnen α, β, γ die Winkel, x, y, z die ihnen gegenüberliegenden Seiten, so muß, für jeden Werth den auch α haben mag (jedoch unter π) nach der Aufl. der vorigen Aufgabe $\beta = \gamma$ und folglich auch $y = z$ werden, und die Bedingungs-Gleichungen sind daher:

1) $\alpha + 2\beta - \pi = a$;

2) $u = x + 2y =$ Max. oder Min.

Aus der ersten folgt

3) $\beta = \frac{a - \alpha}{2} + \frac{\pi}{2}$ also

4) $\text{Sin}\,\beta = \text{Cos}\,\frac{a - \alpha}{2}$; und

$\text{Cos}\,\beta = -\,\text{Sin}\,\frac{a - \alpha}{2}$.

Nun ist aber, nach der vor. Aufl.

$$\text{Cos } x = \frac{\text{Cos } \beta^2 + \text{Cos } \alpha}{\text{Sin } \beta^2} \text{ und}$$

$$\text{Cos } y = \frac{(1 + \text{Cos } \alpha) \text{Cos } \beta}{\text{Sin } \alpha \,.\, \text{Sin } \beta}$$ oder nach Substit. der Werthe

$$5)\ \text{Cos } x = \frac{\left(\text{Sin } \frac{a - \alpha}{2}\right)^2 + \text{Cos } \alpha}{\left(\text{Cos } \frac{a - \alpha}{2}\right)^2};$$

$$6)\ \text{Cos } y = -\frac{\text{Cos } \frac{\alpha}{2} \,.\, \text{Sin } \frac{a - \alpha}{2}}{\text{Sin } \frac{\alpha}{2} \,.\, \text{Cos } \frac{a - \alpha}{2}}.$$

Aus 5) folgt leicht:

$$7)\ dx = \frac{2 \text{ Sin } \frac{a}{2} \,.\, \text{Cos } \frac{\alpha}{2}}{\text{Sin } x \,.\, \left(\text{Cos } \frac{a - \alpha}{2}\right)^3}$$

aus 6) eben so:

$$dy = -\frac{\text{Sin } \frac{a}{2} \,.\, \text{Cos } \frac{2\alpha - a}{2}}{2\left(\text{Sin } \frac{\alpha}{2}\right)^2 \,.\, \left(\text{Cos } \frac{a - \alpha}{2}\right)^2 \text{Sin } y};$$ oder

$$\frac{\text{Sin } \beta \text{ Sin } x}{\text{Sin } \alpha} = \frac{\text{Cos } \frac{a - \alpha}{2} \,.\, \text{Sin } x}{2 \text{ Sin } \frac{\alpha}{2} \text{ Cos } \frac{\alpha}{2}}$$ für Sin y geschrieben

$$8)\ dy = -\frac{\text{Sin } \frac{a}{2} \text{ Cos } \frac{\alpha}{2} \text{ Cos } \frac{2\alpha - a}{2}}{\text{Sin } \frac{\alpha}{2} \left(\text{Cos } \frac{a - \alpha}{2}\right)^3 \,.\, \text{Sin } x}$$

und diese Werthe aus 7) und 8) in 2) gesetzt, giebt:

$$9)\ du = \frac{2 \sin\frac{a}{2} \cdot \cos\frac{\alpha}{2}}{\sin x \left(\cos\frac{a-\alpha}{2}\right)^3} - \frac{2 \sin\frac{a}{2} \cos\frac{\alpha}{2} \cos\frac{2\alpha - a}{2}}{\sin\frac{\alpha}{2}\left(\cos\frac{a-\alpha}{2}\right)^3 \cdot \sin x}.$$

Aus $du = 0$ folgt dann

$$\frac{2 \sin\frac{a}{2} \cos\frac{\alpha}{2}}{\sin x \left(\cos\frac{a-\alpha}{2}\right)^3} \cdot \left[1 - \frac{\cos\frac{2\alpha - a}{2}}{\sin\frac{\alpha}{2}}\right] = 0$$

und der Aufgabe geschieht hienach nur Genüge, für

$$\sin\frac{\alpha}{2} = \cos\frac{2\alpha - a}{2};\ \text{oder}$$

$$\sin\frac{\alpha}{2} = \sin\left(\frac{\pi}{2} - \frac{2\alpha - a}{2}\right)$$

welche Gleichung erfüllt wird, sowohl für

$$10)\ \frac{\alpha}{2} = \frac{\pi}{2} - \frac{2\alpha - a}{2}$$

als auch, für

$$11)\ \frac{\alpha}{2} + \frac{\pi}{2} - \frac{2\alpha - a}{2} = \pi.$$

Die Gleichung 10) liefert

$$12)\ \alpha = \frac{a + \pi}{3}$$

die 11) aber, $\alpha = \frac{a - \pi}{2}$

und für diesen letzten Werth wird aus 5)

$$\cos x = \frac{1 + 3 \sin\frac{a}{2}}{1 - \sin\frac{a}{2}}$$

welcher Ausdruck, in sofern a kleiner als die Halbkugelfläche, d. h. $< 2\pi$ ist, einen unächten Bruch darstellt, folglich keinen Werth für x liefert.

Der Umfang u wird also nur ein Max. oder Minimum für

$$\alpha = \frac{a+\pi}{3}$$

und für diesen Werth ist

$$13)\ \mathrm{Cos}\ x = \frac{\left[\mathrm{Sin}\,\frac{2a-\pi}{6}\right]^2 + \mathrm{Cos}\,\frac{a+\pi}{3}}{\left[\mathrm{Cos}\,\frac{2a-\pi}{6}\right]^2}$$

oder auch

$$14)\ \mathrm{Cos}\,\frac{x}{2} = \pm\,\frac{\mathrm{Cos}\,\frac{a+\pi}{6}}{\mathrm{Cos}\,\frac{2\ \ -\pi}{6}};\ \text{und}$$

$$15)\ \mathrm{Cos}\ y = -\,\mathrm{Cotg}\,\frac{a+\pi}{6}\,.\,\mathrm{Tg}\,\frac{2a-\pi}{6}.$$

Es folgt nun ferner aus 9) für $\alpha = \frac{a+\pi}{3}$;

$$d^2u = \frac{2\,\mathrm{Sin}\,\frac{a}{2}\ \mathrm{Cos}\,\frac{\alpha}{2}}{\mathrm{Sin}\,\frac{\alpha}{2}\,.\,\mathrm{Sin}\,x\,.\left(\mathrm{Cos}\,\frac{a-\alpha}{2}\right)^3}\,.\,d\left[\mathrm{Sin}\frac{\alpha}{2}\,.\,\mathrm{Cos}\frac{2\alpha-a}{2}\right]$$

$$= \frac{2\,\mathrm{Sin}\,\frac{a}{2}\,.\,\mathrm{Cos}\,\frac{a+\pi}{6}}{\mathrm{Sin}\,\frac{a+\pi}{6}\,.\,\mathrm{Sin}\,x\,.\left[\mathrm{Cos}\,\frac{2a-\pi}{6}\right]^3}\,.\left[\tfrac{1}{2}\,\mathrm{Cos}\frac{a+\pi}{6} + \mathrm{Sin}\frac{2\pi-a}{6}\right]$$

welcher Ausdruck positiv ist, so daß also

$$\alpha = \frac{a+\pi}{3};\ \text{und auch}\ \beta = \frac{a+\pi}{3}$$

für den Umfang ein Kleinstes liefert.

§. 52.

Aufgabe.

Es sind zwei Parallel-Kreise, BC, DE einer Kugel (Fig. 16) und der Pol V eines 3ten Kreises PN gege-

gegeben. Diesen 3ten Kreis der Bedingung gemäß zu bestimmen, daß die Sehne T W welche die Durchschnittspunkte T, W desselben mit den Parallelkreisen verbindet, ein Max. oder Min. werde.

Auflösung.

Der Halbmesser der Kugel sei $= 1$; F der Mittelpunkt; Bogen $AD = AE = \alpha$; Bogen $AB = AC = \beta$; Bogen $AV = \delta$ und Bogen $VP = VN = z$; so ist $DM = ME = \text{Sin}\,\alpha$; $MF = \text{Cos}\,\alpha$; $BL = LC = \text{Sin}\,\beta$; $LF = \text{Cos}\,\beta$; $RN = RP = \text{Sin}\,z$; $RF = \text{Cos}\,z$, folglich $LM = \text{Cos}\,\beta - \text{Cos}\,\alpha$; und da, wie sich gleich ergiebt, der Winkel, welchen die Kreis-Ebene N P mit den Parallelkreisen bildet $= \delta$ ist, so folgt:

1) $KJ = \dfrac{\text{Cos}\,\beta - \text{Cos}\,\alpha}{\text{Sin}\,\delta}$;

$$FO = \frac{\text{Cos}\,z}{\text{Cos}\,\delta};\quad OL = \frac{\text{Cos}\,z}{\text{Cos}\,\delta} - \text{Cos}\,\beta$$

$$OM = \frac{\text{Cos}\,z}{\text{Cos}\,\delta} - \text{Cos}\,\alpha;\text{ daher}$$

2) $LK = OL\,.\,\text{Cotg}\,\delta = \dfrac{\text{Cos}\,z - \text{Cos}\,\beta\,\text{Cos}\,\delta}{\text{Sin}\,\delta}$;

3) $MJ = OM\,.\,\text{Cotg}\,\delta = \dfrac{\text{Cos}\,z - \text{Cos}\,\alpha\,\text{Cos}\,\delta}{\text{Sin}\,\delta}$.

Bezeichnet nun 2p die den Kreis-Ebenen D E und NP; 2q aber die den Kreis-Ebenen B C und NP gemeinschaftliche Sehne, so hat man $JT = p$; $KW = q$; und $p^2 = MT^2 - MJ^2$; $q^2 = LW^2 - LK^2$; oder, die Werthe substituirt

4) $p^2 = \text{Sin}\,\alpha^2 - \left(\dfrac{\text{Cos}\,z - \text{Cos}\,\alpha\,\text{Cos}\,\delta}{\text{Sin}\,\delta}\right)^2$

5) $q^2 = \text{Sin}\,\beta^2 - \left(\frac{\text{Cos}\,z - \text{Cos}\,\beta\,\text{Cos}\,\delta}{\text{Sin}\,\delta}\right)^2$.

Wird nun die Sehne TW durch φz ausgedrückt, so ist die Bedingung

$$\varphi z = \text{Max. oder Min., oder auch}$$

$$(\varphi z)^2 = \text{Max. oder Min.; d. h.}$$

6) $(\varphi z)^2 = \left(\frac{\text{Cos}\,\beta - \text{Cos}\,\alpha}{\text{Sin}\,\delta}\right)^2 + (p-q)^2 =$ Max. oder Min.

a) Da nun aber p und q Functionen von z sind, $\left(\frac{\text{Cos}\,\beta - \text{Cos}\,\alpha}{\text{Sin}\,\delta}\right)^2$ aber unabhängig von z ist, übrigens beide Summanden, als Quadrate positiv sind, so wird $(\varphi z)^2$ offenbar ein absolutes Min., für

$(p-q)^2 = 0$; d. h. für

$p = q$ oder, wenn man diese Gleichung quadrirt, und die Werthe aus 4) und 5) substituirt, für

7) $\text{Sin}\,\alpha^2 - \left(\frac{\text{Cos}\,z - \text{Cos}\,\alpha\,\text{Cos}\,\delta}{\text{Sin}\,\delta}\right)^2 = \text{Sin}\,\beta^2 - \left(\frac{\text{Cos}\,z \cdot \text{Cos}\,\beta\,\text{Cos}\,\delta}{\text{Sin}\,\delta}\right)^2$;

woraus man leicht

$$\text{Cos}\,z = \frac{\text{Cos}\,\alpha + \text{Cos}\,\beta}{2\,\text{Cos}\,\delta} \text{ oder}$$

8) $\text{Cos}\,z = \frac{\text{Cos}\,\frac{\alpha+\beta}{2}\,\text{Cos}\,\frac{\alpha+\beta}{2}}{\text{Cos}\,\delta}$ erhält.

I. Es wird also φz ein Min. für

$$\text{Cos}\,z = \frac{\text{Cos}\,\frac{\alpha+\beta}{2}\,\text{Cos}\,\frac{\alpha-\beta}{2}}{\text{Cos}\,\delta} \text{ und die}$$

Größe des Min. ergiebt sich bald, nemlich:

$$\varphi z = \frac{\text{Cos}\,\beta - \text{Cos}\,\alpha}{\text{Sin}\,\delta} = \frac{2\,\text{Sin}\,\frac{\alpha+\beta}{2} \cdot \text{Sin}\,\frac{\alpha-\beta}{2}}{\text{Sin}\,\delta};$$

Eben so jede der Ordinaten:

$$p = q = \frac{1}{\mathrm{Sin}\,\delta}\sqrt{\mathrm{Cos}\alpha\mathrm{Cos}\beta + \mathrm{Sin}\delta^2 - \left(\frac{\mathrm{Cos}\frac{\alpha+\beta}{2}\,.\,\mathrm{Cos}\frac{\alpha-\beta}{2}}{\mathrm{Cos}\,\delta}\right)^2}$$

ferner: $LK = \frac{\mathrm{Cos}\alpha - \mathrm{Cos}\beta\mathrm{Cos}2\delta}{\mathrm{Sin}\,2\delta}$; $MJ = \frac{\mathrm{Cos}\beta - \mathrm{Cos}\alpha\mathrm{Cos}2\delta}{\mathrm{Sin}\,2\delta}$.

b) Aus 6) kann aber auch ein Max. oder relatives Min. hervorgehen, für

$$d\,(p - q)^2 = 0;$$ oder für

9) $(p - q)\,(dp - dq) = 0$

woraus, weil der Fall $p = q$ schon in a, abgehandelt ist, die Bedingungsgleichung

10) $dp = dq$ folgt.

Es ist aber

$$dp = \frac{(\mathrm{Cos}\,z - \mathrm{Cos}\,\alpha\,\mathrm{Cos}\,\delta)\,\mathrm{Sin}\,z}{\mathrm{Sin}\,\delta^2\,.\,p};$$

$$dq = \frac{(\mathrm{Cos}\,z - \mathrm{Cos}\,\beta\,\mathrm{Cos}\,\delta)\,\mathrm{Sin}\,z}{\mathrm{Sin}\,\delta^2\,.\,q};$$ und setzt man diese Werthe nach 10) einander gleich, so ergiebt sich bald:

11) $[\mathrm{Cos}z\text{-}\mathrm{Cos}\alpha\mathrm{Cos}\delta]^2\mathrm{Sin}\beta^2 = [\mathrm{Cos}z\text{-}\mathrm{Cos}\beta\mathrm{Cos}\delta]^2\mathrm{Sin}\alpha^2$, welcher Gleichung Genüge geschieht, für

12) $\frac{\mathrm{Cos}\,z - \mathrm{Cos}\,\alpha\,\mathrm{Cos}\,\delta}{\mathrm{Sin}\,\alpha} = \frac{\mathrm{Cos}\,z - \mathrm{Cos}\,\beta\,\mathrm{Cos}\,\delta}{\mathrm{Sin}\,\beta}$ oder

$MJ : LK = \mathrm{Sin}\,\alpha : \mathrm{Sin}\,\beta$; woraus

13) $\mathrm{Cos}\,z = \frac{\mathrm{Cos}\,\frac{\alpha-\beta}{2}}{\mathrm{Cos}\,\frac{\alpha+\beta}{2}}\,.\,\mathrm{Cos}\,\delta$ folgt.

Um zu beurtheilen ob dieser gefundene Werth ein Max. oder Min. liefert, muß der positive oder negative Werth von

$m = d\,[(p - q)\,(dp - dq)]$ für dieses z beurtheilt werden. Man hat aber, weil dieses z, aus $dp = dq$ hervorging:

14) $m = (p - p)\,[d^2 p - d^2 q]$ und hierin ist

$$d^2p = \frac{p[Cosz^2 - Sinz^2 - Cos\alpha Cos\delta Cosz] - [Cosz - Cos\alpha Cos\delta] Sinz . dp}{p^2\,Sin\,\delta^2}$$

$$= \frac{p^2 Sin\delta^2 [Cosz^2 - Sinz^2 . Cos\alpha Cos\delta Cosz] - [Cosz - Cos\alpha Cos\delta]^2 Sinz^2}{p^3\,Sin\,\delta^4}$$

$d^2 q =$

$$\frac{q^2 Sin\delta^2\,[Cosz^2 - Sinz^2 - Cos\beta Cos\delta Cosz] - [Cosz - Cos\beta Cos\delta]^2\,Sinz^2}{q^3\,.\,Sin\,\delta^4}$$

also für das gefundene Cos z in 13) nach Reduction

15) $p^2\,Sin\,\delta^2 = Sin\,\alpha^2\,Cos\,\delta^2 . \left[Tg\delta^2 - \left(Tg\,\frac{\alpha+\beta}{2}\right)^2\right]$

16) $q^2\,Sin\,\delta^2 = Sin\,\beta^2\,Cos\,\delta^2\,\left[Tg\delta^2 - \left(Tg\,\frac{\alpha+\beta}{2}\right)^2\right]$

17) $p - q = 2 Cos\frac{\alpha+\beta}{2} . Sin\,\frac{\alpha-\beta}{2} Cotg\delta . \sqrt{Tg\delta^2 - \left(Tg\,\frac{\alpha+\beta}{2}\right)^2}$

18) $p\,Sin\,\beta = q\,Sin\,\alpha$ und 12) 13) 15) 18) in Anwendung gebracht:

$$d^2p - d^2q = \frac{(Sin\alpha - Sin\beta) Sinz^2}{p^3 Sin\beta Sin\delta^4} [p^2 Sin\delta^2 + (Cosz - Cos\alpha Cos\delta)^2]$$

$$= \frac{(Sin\,\alpha - Sin\,\beta)\,Sin\,z^2}{p^3\,Sin\,\beta\,Sin\,\delta^4} . Sin\,\alpha^2\,Sin\,\delta^2 ;$$ oder

19) $$d^2p - d^2q = \frac{Sin\,\delta\,(Sin\,\alpha - Sin\,\beta)\,Sin\,z^2}{Sin\alpha\,Sin\beta Cos\delta^3 . \left[\sqrt{Tg\delta^2 - \left(Tg\frac{\alpha+\beta}{2}\right)^2}\right]^3}$$

folglich nach 17) und 14)

20) $$m = \frac{\left[2\,Cos\,\frac{\alpha+\beta}{2} . Sin\,\frac{\alpha-\beta}{2}\,Sin\,z\right]^2}{Sin\,\alpha\,Sin\,\beta\,Cos\delta^2\,\left[Tg\,\delta^2 - \left(Tg\frac{\alpha+\beta}{2}\right)^2\right]}$$

welcher Werth immer positiv ist, so lange p und q reel sind, d. h. wenn

$$\mathrm{Tg}\,\delta^2 > \left(\mathrm{Tg}\,\frac{\alpha+\beta}{2}\right)^2 \text{ ist.}$$

II. Es wird daher φz ein relatives Min. für

$$\mathrm{Cos}\,z = \frac{\mathrm{Cos}\,\frac{\alpha-\beta}{2}}{\mathrm{Cos}\,\frac{\alpha+\beta}{2}} \cdot \mathrm{Cos}\,\delta$$

und die Größe dieses Min. ist

$$= \sqrt{\left(\frac{\mathrm{Cos}\,\beta - \mathrm{Cos}\,\alpha}{\mathrm{Sin}\,\delta}\right)^2 + 4\left(\mathrm{Cos}\,\frac{\alpha+\beta}{2}\right)^2 \left(\mathrm{Sin}\,\frac{\alpha-\beta}{2}\right)^2 \mathrm{Ctg}\,\delta^2 \left[\mathrm{Tg}\,\delta^2 - \left(\mathrm{Tg}\,\frac{\alpha+\beta}{2}\right)^2\right]}$$

oder nach gehöriger Reduction

$$\varphi z = 2 \cdot \mathrm{Sin}\,\frac{\alpha-\beta}{2}$$

welcher Werth von δ unabhängig ist, also für jedes δ derselbe bleibt.

Die Ordinaten ergeben sich aus 15) und 16)

$$p = \frac{\mathrm{Sin}\,\alpha\,\mathrm{Cos}\,\delta}{\mathrm{Sin}\,\delta} \sqrt{\mathrm{Tg}\,\delta^2 - \mathrm{Tg}\left(\frac{\alpha+\beta}{2}\right)^2}$$

$$q = \frac{\mathrm{Sin}\,\beta\,\mathrm{Cos}\,\delta}{\mathrm{Sin}\,\delta} \sqrt{\mathrm{Tg}\,\delta^2 - \left(\mathrm{Tg}\,\frac{\alpha+\beta}{2}\right)^2}$$

d. h. $p : q = \mathrm{Sin}\,\alpha : \mathrm{Sin}\,\beta = MJ : LK$; aus 12) ferner aus 2)

$$LK = \mathrm{Sin}\,\beta \cdot \mathrm{Tg}\,\frac{\alpha+\beta}{2} \cdot \mathrm{Cotg}\,\delta; \text{ und aus 3)}$$

$$MJ = \mathrm{Sin}\,\alpha \cdot \mathrm{Tg}\,\frac{\alpha+\beta}{2} \cdot \mathrm{Cotg}\,\delta.$$

c) Das Min. I. kann nur dann sich ergeben oder statt finden, wenn in absoluter Größe $LK < LB$ und $MJ < MD$ ist; d. h. wenn

$$\frac{\mathrm{Cos}\,\alpha - \mathrm{Cos}\,\beta\,\mathrm{Cos}\,2\delta}{\mathrm{Sin}\,2\delta} < \mathrm{Sin}\,\beta \text{ und } \frac{\mathrm{Cos}\,\beta - \mathrm{Cos}\,\alpha\,\mathrm{Cos}\,2\delta}{\mathrm{Sin}\,2\delta} < \mathrm{Sin}\,\alpha \text{ ist,}$$

woraus die Bedingung

$$\delta < \frac{\alpha+\beta}{2}$$ hervorgeht.

Das Min. in II. kann nur bestehen, wenn

$$\delta > \frac{\alpha+\beta}{2}$$ ist.

Beide Kleinste können also nie zugleich statt finden, sondern immer nur eines.

Beispiel 1)

Es sei $\alpha = 60°$; $\beta = 36°$; $\delta = 49°$; so ist $\delta > \frac{\alpha+\beta}{2}$ oder 48°; und es kann nur das Min. II. statt finden:

man findet $z = 16° \; 27' \; 20''$
und die kleinste Sehne = 0,4154....
für $z = 14° \; 4'$ ist die Sehne = 0,4169....
und für $z = 25° \; 50'$ ist sie = 0,4:87....

Beispiel 2)

Es sei $\alpha = 60°$; $\beta = 36°$; $\delta = 40°$; so ist $\delta < \frac{\alpha+\beta}{2}$ oder 48°, und es findet nur das Min. I statt.

Man erhält $z = 31° \; 18' \; 22'$
und die zugehörige kleinste Sehne = 0,4807....
für $z = 25° \; 50'$ ist die Sehne = 0,4862....
für $z = 36° \; 52'$ ist sie = 0,4812....

§. 53.

Aufgabe.

Die Aufgabe sei wie die vorige, nur sei VP = VN = γ gegeben, und AV = x soll der Bedingung gemäß bestimmt werden, daß die zugehörige Sehne TW ein Max. oder Min. werde.

Auflösung.

Mit Beibehaltung der Bedeutung der übrigen Zeichen, hat man

1) $JT^2 = p^2 = \mathrm{Sin}\,\alpha^2 - \left[\frac{\mathrm{Cos}\,\gamma - \mathrm{Cos}\,\alpha\,\mathrm{Cos}\,x}{\mathrm{Sin}\,x}\right]^2$

2) $KW^2 = q^2 = \mathrm{Sin}\,\beta^2 - \left[\frac{\mathrm{Cos}\,\gamma - \mathrm{Cos}\,\beta\,\mathrm{Cos}\,x}{\mathrm{Sin}\,x}\right]^2$

3) $JK = \frac{\mathrm{Cos}\,\beta - \mathrm{Cos}\,\alpha}{\mathrm{Sin}\,x}$

4) [Sehne $TW]^2 = JK^2 + (p-q)^2$

$$= \frac{(\mathrm{Cos}\,\beta - \mathrm{Cos}\,\alpha)^2}{\mathrm{Sin}\,x^2} + p^2 + q^2 - 2pq$$

$$= \frac{(\mathrm{Cos}\beta - \mathrm{Cos}\alpha)^2 - (\mathrm{Cos}\gamma - \mathrm{Cos}\alpha\mathrm{Cos}x)^2 - (\mathrm{Cos}\gamma - \mathrm{Cos}\beta\mathrm{Cos}x)^2}{\mathrm{Sin}\,x^2}$$

$$+ \mathrm{Sin}\,\alpha^2 + \mathrm{Sin}\,\beta^2 - 2pq.$$

$$= 2 + 2 \cdot \frac{(\mathrm{Cos}\alpha + \mathrm{Cos}\beta)\mathrm{Cos}\gamma\mathrm{Cos}x - (\mathrm{Cos}\alpha\mathrm{Cos}\beta + \mathrm{Cos}\gamma^2)}{\mathrm{Sin}\,x^2} - 2pq;$$

also diejenige Function von x welche ein Max. oder Min. werden soll, oder

5) $Fx = \frac{(\mathrm{Cos}\alpha + \mathrm{Cos}\beta)\mathrm{Cos}\gamma\mathrm{Cos}x - (\mathrm{Cos}\alpha\mathrm{Cos}\beta + \mathrm{Cos}\gamma^2)}{\mathrm{Sin}\,x^2} - pq.$

Bezeichnet man nun

$\mathrm{Cos}\,\gamma - \mathrm{Cos}\,\alpha\,\mathrm{Cos}\,x$ durch A

$\mathrm{Cos}\,\gamma - \mathrm{Cos}\,\beta\,\mathrm{Cos}\,x$ durch B

$\mathrm{Cos}\,\alpha - \mathrm{Cos}\,\gamma\,\mathrm{Cos}\,x$ durch C

$\mathrm{Cos}\,\beta - \mathrm{Cos}\,\gamma\,\mathrm{Cos}\,x$ durch D, so hat man

6) $dA = \mathrm{Cos}\,\alpha\,\mathrm{Sin}\,x;$

$dB = \mathrm{Cos}\,\beta\,\mathrm{Sin}\,x$

$dC = dD = \mathrm{Cos}\,\gamma\,\mathrm{Sin}\,x$

$$dp = -\frac{AC}{p\,\mathrm{Sin}\,x^3}$$

$$dq = -\frac{BD}{q\,\mathrm{Sin}\,x^3}$$

und ferner:

$$7)\ F'x = -\frac{\mathrm{Cos}\,\gamma(\mathrm{Cos}\,\alpha + \mathrm{Cos}\,\beta)}{\mathrm{Sin}\,x} - \frac{2\mathrm{Cos}\,\gamma(\mathrm{Cos}\,\alpha + \mathrm{Cos}\,\beta)\mathrm{Cos}\,x^2}{\mathrm{Sin}\,x^3}$$

$$+ \frac{2[\mathrm{Cos}\,\alpha\,\mathrm{Cos}\,\beta + \mathrm{Cos}\,\gamma^2]\mathrm{Cos}\,x}{\mathrm{Sin}\,x^3} - p\,dq - q\,dp;$$ oder

$$8)\ F'x = \frac{-pq\,[AD + BC] + p^2 BD + q^2 AC}{pq\,\mathrm{Sin}\,x^3};$$ oder

$$9)\ F'x = \frac{(pB - qA)(pD - qC)}{pq\,\mathrm{Sin}\,x^3}.$$

Die Bedingung $F'x = 0$ wird hiernach erfüllt:

I. für $pB = qA$.

II. für $pD = qC$.

Aus I. folgt, wenn man aus L und M die Normalen LH, MG auf FV fällt

$$10)\ JT : KW = RG : RH$$

und, wenn man die Werthe für p, q, A, B substit. und Cos x entwickelt

$$11)\ \mathrm{Cos}\,x = \frac{(\mathrm{Sin}\,\alpha - \mathrm{Sin}\,\beta)\,\mathrm{Cos}\,\gamma}{\mathrm{Sin}\,(\alpha - \beta)} = \frac{\mathrm{Cos}\,\frac{\alpha+\beta}{2}\,\mathrm{Cos}\,\gamma}{\mathrm{Cos}\,\frac{\alpha-\beta}{2}};$$

für $F'x = 0$, wenn $pB - qA = 0$ ist, entsteht aus 9)

$$12)\ F''x = \frac{(pD - qC)(p\,dB + B\,dp - q\,dA - A\,dq)}{pq\,\mathrm{Sin}\,x^3}.$$

Es ist aber $p\,dB + B\,dp - q\,dA - A\,dq =$

$$p\,\mathrm{Cos}\,\beta\,\mathrm{Sin}\,x - q\,\mathrm{Cos}\,\alpha\,\mathrm{Sin}\,x - \frac{ABC}{p\,\mathrm{Sin}\,x^3} + \frac{ABD}{q\,\mathrm{Sin}\,x^3}$$

$$= (p\,\mathrm{Cos}\,\beta - q\,\mathrm{Cos}\,\alpha)\,\mathrm{Sin}\,x + \frac{AB(pD - qC)}{pq\,\mathrm{Sin}\,x^3};$$ also

13) $F''x = (p\,D - q\,C)\,(p\,\text{Cos}\,\beta - q\,\text{Cos}\,\alpha)\,\text{Sin}\,x$

$$+ \frac{A\,B\,(p\,D - q\,C)^2}{p^2\,q^2\,\text{Sin}\,x^6}.$$

Es ist aber, für $\text{Cos}\,x = \dfrac{\text{Cos}\,\frac{\alpha+\beta}{2}\,\text{Cos}\,\gamma}{\text{Cos}\,\frac{\alpha-\beta}{2}}$;

14) $p = \text{Sin}\,\alpha\,.\,\sqrt{\dfrac{\left(\text{Cos}\,\frac{\alpha-\beta}{2}\right)^2 - \text{Cos}\,\gamma^2}{\text{Sin}\,\alpha\,\text{Sin}\,\beta + \left(\text{Cos}\,\frac{\alpha+\beta}{2}\right)^2 \text{Sin}\,\gamma^2}}$

oder diese Wurzelgröße, durch r ausgedrückt,

$p = r\,\text{Sin}\,\alpha$; dann

15) $q = r\,\text{Sin}\,\beta$

$$A = \text{Sin}\,\alpha\,\text{Cos}\,\gamma\,.\,\frac{\text{Sin}\,\frac{\alpha+\beta}{2}}{\text{Cos}\,\frac{\alpha-\beta}{2}}$$

$$B = \text{Sin}\,\beta\,\text{Cos}\,\gamma\,\frac{\text{Sin}\,\frac{\alpha+\beta}{2}}{\text{Cos}\,\frac{\alpha-\beta}{2}}$$

$$C = \text{Cos}\,\alpha - \frac{\text{Cos}\,\frac{\alpha+\beta}{2}}{\text{Cos}\,\frac{\alpha-\beta}{2}}\,\text{Cos}\,\gamma^2$$

$$D = \text{Cos}\,\beta - \frac{\text{Cos}\,\frac{\alpha+\beta}{2}}{\text{Cos}\,\frac{\alpha-\beta}{2}}\,\text{Cos}\,\gamma^2$$

folglich

$$A\,B = \text{Sin}\,\alpha\,\text{Sin}\,\beta\,\text{Cos}\,\gamma^2\,.\left(\frac{\text{Sin}\,\frac{\alpha+\beta}{2}}{\text{Cos}\,\frac{\alpha-\beta}{2}}\right)^2$$

immer positiv.

$p \operatorname{Cos}\beta - q \operatorname{Cos}\alpha = r \operatorname{Sin}(\alpha - \beta)$, auch immer positiv, und

$$pD - qC = r\left[\operatorname{Sin}(\alpha-\beta) - (\operatorname{Sin}\alpha - \operatorname{Sin}\beta)\frac{\operatorname{Cos}\frac{\alpha+\beta}{2}}{\operatorname{Cos}\frac{\alpha-\beta}{2}}\operatorname{Cos}\gamma^2\right]$$

$$= 2r.\operatorname{Tg}\frac{\alpha-\beta}{2}\left[\left(\operatorname{Cos}\frac{\alpha-\beta}{2}\right)^2 - \left(\operatorname{Cos}\frac{\alpha+\beta}{2}\operatorname{Cos}\gamma\right)^2\right]$$

$$= 2r\operatorname{Tg}\frac{\alpha-\beta}{2}.\left[\operatorname{Sin}\alpha\operatorname{Sin}\beta + \left(\operatorname{Cos}\frac{\alpha+\beta}{2}\operatorname{Sin}\gamma\right)^2\right]$$

auch immer positiv.

Demnach $F''x$, für $\operatorname{Cos} x = \dfrac{\operatorname{Cos}\frac{\alpha+\beta}{2}}{\operatorname{Cos}\frac{\alpha-\beta}{2}}\operatorname{Cos}\gamma$ nothwendig positiv, und also die Sehne TW für diesen Werth von Cos x ein Min. welches nach 14) aber nur dann statt finden kann, wenn, in absoluter Größe genommen,

$$\operatorname{Sin}\gamma > \operatorname{Sin}\frac{\alpha-\beta}{2}$$

d. h. wenn $\gamma > \frac{\alpha-\beta}{2}$ ist.

Aus II. folgt auch, wenn man die Normale RQ auf AF fällt,

16) JT : KW = — MQ : LQ, so daß also diese Proportion nur dann statt finden kann, wenn Q nicht zwischen L und M fällt. Ferner ergiebt sich aus II.

$$p^2 D^2 = q^2 . C^2; \text{ oder}$$

$$\operatorname{Sin}\alpha^2 . D^2 - \frac{A^2 D^2}{\operatorname{Sin} x^2} = \operatorname{Sin}\beta^2 . C^2 - \frac{B^2 C^2}{\operatorname{Sin} x^2} \text{ oder}$$

17) $(D\operatorname{Sin}\alpha + C\operatorname{Sin}\beta)(D\operatorname{Sin}\alpha - C\operatorname{Sin}\beta) = \dfrac{(AD+BC)(AD-BC)}{\operatorname{Sin} x^2}$

Es ist aber

$$D\,\mathrm{Sin}\,\alpha + C\,\mathrm{Sin}\,\beta = \mathrm{Sin}\,(\alpha+\beta) - (\mathrm{Sin}\,\alpha + \mathrm{Sin}\,\beta)\,\mathrm{Cos}\,\gamma\,\mathrm{Cos}\,x$$

$$= 2\,\mathrm{Sin}\,\frac{\alpha+\beta}{2}\cdot\left[\mathrm{Cos}\,\frac{\alpha+\beta}{2} - \mathrm{Cos}\,\frac{\alpha-\beta}{2}\,\mathrm{Cos}\,\gamma\,\mathrm{Cos}\,x\right];$$

$$D\,\mathrm{Sin}\,\alpha - C\,\mathrm{Sin}\,\beta = 2\,\mathrm{Sin}\,\frac{\alpha-\beta}{2}\cdot\left[\mathrm{Cos}\,\frac{\alpha-\beta}{2} - \mathrm{Cos}\,\frac{\alpha+\beta}{2}\,\mathrm{Cos}\,\gamma\,\mathrm{Cos}\,x\right]$$

$$AD + BC = 2\,\mathrm{Cos}\,\frac{\alpha+\beta}{2}\,\mathrm{Cos}\,\frac{\alpha-\beta}{2}\cdot\mathrm{Cos}\,\gamma - 2[\mathrm{Cos}\,\alpha\,\mathrm{Cos}\,\beta + \mathrm{Cos}\,\gamma^2]\,\mathrm{Cos}\,x$$

$$+ 2\,\mathrm{Cos}\,\frac{\alpha+\beta}{2}\,\mathrm{Cos}\,\frac{\alpha-\beta}{2}\,\mathrm{Cos}\,\gamma\,\mathrm{Cos}\,x^2$$

$AD - BC = 2\,\mathrm{Sin}\,\frac{\alpha+\beta}{2}\cdot\mathrm{Sin}\,\frac{\alpha-\beta}{2}\,\mathrm{Cos}\,\gamma\cdot\mathrm{Sin}\,x^2$ und wenn man diese Werthe in 16) substituirt, so entsteht sogleich

$$18)\quad \mathrm{Cos}\,x = \frac{\mathrm{Cos}\,\frac{\alpha+\beta}{2}\cdot\mathrm{Cos}\,\frac{\alpha-\beta}{2}}{\mathrm{Cos}\,\gamma} = \frac{\mathrm{Cos}\,\alpha + \mathrm{Cos}\,\beta}{2\,\mathrm{Cos}\,\gamma}.$$

Für diesen Werth von Cos x erhält man

$$19)\quad p^2 = q^2 = \frac{\mathrm{Cos}\,\alpha\,\mathrm{Cos}\,\beta\,\mathrm{Sin}\,\gamma^2 + \left(\frac{\mathrm{Cos}\,\beta - \mathrm{Cos}\,\alpha}{2}\right)^2}{\left(\mathrm{Cos}\,\frac{\alpha+\beta}{2}\,\mathrm{Cos}\,\frac{\alpha-\beta}{2}\right)^2 - \mathrm{Cos}\,\gamma^2};\ \text{und}$$

$$F''x = \frac{(pB - qA)\,(p\,dD + D\,dp - q\,dC - C\,dq)}{pq\,\mathrm{Sin}\,x^2}$$

$$= \frac{(pB - qA)}{pq\,\mathrm{Sin}\,x^2}\cdot\left[(p-q)\,\mathrm{Cos}\,\gamma\,\mathrm{Sin}\,x + CD\,\frac{pB - qA}{pq\,\mathrm{Sin}\,x^3}\right]$$

oder, weil $p = q$ ist;

$$20)\quad F''x = CD\cdot\left[\frac{pB - qA}{pq\,\mathrm{Sin}\,x^3}\right]^2.$$

Es ist aber für unser x,

$$C = \mathrm{Cos}\,\alpha - \mathrm{Cos}\,\frac{\alpha+\beta}{2}\,\mathrm{Cos}\,\frac{\alpha-\beta}{2}$$

$$= \mathrm{Cos}\,\alpha - \frac{\mathrm{Cos}\,\alpha + \mathrm{Cos}\,\beta}{2}$$

$$= - \frac{\cos\beta - \cos\alpha}{2}$$ und

$D = \frac{\cos\beta - \cos\alpha}{2}$; daher

$CD = -\left(\frac{\cos\beta - \cos\alpha}{2}\right)^2$ folglich

$F''x$ negativ, für $\cos x = \frac{\cos\frac{\alpha+\beta}{2}\cos\frac{\alpha-\beta}{2}}{\cos\gamma}$ und folglich die Sehne TW, für diesen Werth von x ein Maximum.

Nun ist aber

$$KL = \frac{\cos\gamma - \cos\beta\cos x}{\sin x}$$

und es kann also dieß Max. nur statt finden, wenn, in absoluter Größe

$$\frac{\cos\gamma - \cos\beta\cos x}{\sin x} < \sin\beta \text{ ist.}$$

Hieraus entspringt:

$\cos\gamma^2 - 2\cos\beta\cos\gamma\cos x < \sin\beta^2\sin x^2 - \cos\beta^2\cos x^2$

oder

$\cos\gamma^2 + \cos x^2 - 2\cos\beta\cos\gamma\cos x < \sin\beta^2$

oder, nach 18)

$\cos\gamma^2 + \left(\frac{\cos\alpha + \cos\beta}{2\cos\gamma}\right)^2 < 1 + \cos\alpha\cos\beta$

und hieraus:

entweder $2\cos\gamma^2 - 1 < \cos(\alpha - \beta)$

oder $2\cos\gamma^2 - 1 > \cos(\alpha + \beta)$

Aus der ersten Bedingung fließt, wenn man $\cos 2\gamma$ für $2\cos\gamma^2 - 1$ schreibt

$$\gamma > \frac{\alpha - \beta}{2}$$

aus der 2ten aber

$$\gamma < \frac{\alpha + \beta}{2}$$

und nur, wenn beide statt finden, kann das Max. sich ergeben.

§. 54.

Aufgabe.

Es sind zwei Parallelkreise BC, DE zum Pol A, (Fig. 16) und der Pol V eines zu bestimmenden 3ten Kreises PN gegeben, welcher erstere (auf einerlei Seite der durch die Pole A, V gelegten größten Kreis-Ebene) in W und T schneidet. Wie groß muß VN = VP = z genommen werden, damit der Mittelpunkts-Winkel im Kreis PN zum Bogen TW, d. h. der sphärische Winkel welchen die größten Kreisbogen TV, WV, in V bilden, ein Max. oder Min. wird.

Auflösung.

Der Halbmesser der Kugel sei = 1; F ihr Mittelpunkt; AD = AE = α; AB = AC = β; AV = δ; zur Verkürzung bezeichne noch μ den sphärischen Winkel PVT; ϱ den PVW; ferner bedeute

A den Ausdruck $\mathrm{Cos}\,\alpha - \mathrm{Cos}\,\delta\,\mathrm{Cos}\,z$

B den — $\mathrm{Cos}\,\beta - \mathrm{Cos}\,\delta\,\mathrm{Cos}\,z$

C den — $\mathrm{Cos}\,\delta - \mathrm{Cos}\,\alpha\,\mathrm{Cos}\,z$ und

D den — $\mathrm{Cos}\,\delta - \mathrm{Cos}\,\beta\,\mathrm{Cos}\,z$, so hat man nach bekannten Formeln der körperlichen Trigonometrie

1) $\mathrm{Cos}\,\mu = \frac{A}{\mathrm{Sin}\,\delta\,\mathrm{Sin}\,z}$ und $\mathrm{Cos}\,\varrho = \frac{B}{\mathrm{Sin}\,\delta\,\mathrm{Sin}\,z}$;

und hieraus

2) $d\mu = -\frac{C}{\mathrm{Sin}\,\delta\,\mathrm{Sin}\,\mu\,\mathrm{Sin}\,z^2}$; $d\varrho = -\frac{D}{\mathrm{Sin}\,\delta\,\mathrm{Sin}\,\varrho\,\mathrm{Sin}\,z^2}$.

Die Bedingung der Aufgabe ist aber $\varphi z = \mu - \varrho$ = Max. oder Min., also $d\varphi z = d\mu - d\varrho = o$; oder

$$3)\ -\frac{C}{\operatorname{Sin}\delta \operatorname{Sin}\mu \operatorname{Sin}z^2} + \frac{D}{\operatorname{Sin}\delta \operatorname{Sin}\varrho \operatorname{Sin}z^2} = o$$

woraus sogleich folgt

$$4)\ \operatorname{Sin}\varrho = \frac{D}{C}\operatorname{Sin}\mu$$ und aus

$C \operatorname{Sin}\varrho = D \operatorname{Sin}\mu$ entsteht nach und nach

$C^2 - C^2 \operatorname{Cos}\varrho^2 = D^2 - D^2 \operatorname{Cos}\mu^2$;

$$D^2 \cdot \frac{A^2}{\operatorname{Sin}\delta^2 \operatorname{Sin}z^2} - C^2 \cdot \frac{B^2}{\operatorname{Sin}\delta^2 \operatorname{Sin}z^2} = D^2 - C^2;$$

$$(AD+BC)(AD-BC) = (D+C)(D-C)\operatorname{Sin}\delta^2 \operatorname{Sin}z^2;$$

es ist aber

$$5)\ AD+BC = (\operatorname{Cos}\alpha + \operatorname{Cos}\beta)\operatorname{Cos}\delta - 2(\operatorname{Cos}\alpha \operatorname{Cos}\beta + \operatorname{Cos}\delta^2)\operatorname{Cos}z + (\operatorname{Cos}\alpha + \operatorname{Cos}\beta)\operatorname{Cos}\delta \operatorname{Cos}z^2$$

$$6)\ AD-BC = -(\operatorname{Cos}\beta - \operatorname{Cos}\alpha)\operatorname{Cos}\delta \operatorname{Sin}z^2$$

$$7)\ D+C = 2\operatorname{Cos}\delta - (\operatorname{Cos}\alpha + \operatorname{Cos}\beta)\operatorname{Cos}z$$

$$8)\ D-C = -(\operatorname{Cos}\beta - \operatorname{Cos}\alpha)\operatorname{Cos}z$$

und substituirt man diese Werthe, so ergiebt sich

$$[(\operatorname{Cos}\alpha + \operatorname{Cos}\beta)\operatorname{Cos}\delta - 2(\operatorname{Cos}\alpha \operatorname{Cos}\beta + \operatorname{Cos}\delta^2)\operatorname{Cos}z + (\operatorname{Cos}\alpha + \operatorname{Cos}\beta)\operatorname{Cos}\delta \operatorname{Cos}z^2]\operatorname{Cos}\delta = [2\operatorname{Cos}\delta - (\operatorname{Cos}\alpha + \operatorname{Cos}\beta)\operatorname{Cos}z]\operatorname{Sin}\delta^2 \operatorname{Cos}z;$$

und hieraus

$$\operatorname{Cos}z^2 - 2\frac{1+\operatorname{Cos}\alpha \operatorname{Cos}\beta}{\operatorname{Cos}\alpha + \operatorname{Cos}\beta}\operatorname{Cos}\delta \operatorname{Cos}z + \operatorname{Cos}\delta^2 = o$$

folglich

$$\operatorname{Cos}z = \frac{1+\operatorname{Cos}\alpha \operatorname{Cos}\beta \pm \operatorname{Sin}\alpha \operatorname{Sin}\beta}{\operatorname{Cos}\alpha + \operatorname{Cos}\beta} \operatorname{Cos}\delta$$

woraus

$$9)\ \operatorname{Cos}z = \frac{\operatorname{Cos}\frac{\alpha-\beta}{2} \cdot \operatorname{Cos}\delta}{\operatorname{Cos}\frac{\alpha+\beta}{2}}$$ und auch

10) $\text{Cos } z = \frac{\text{Cos}\,\frac{\alpha+\beta}{2}\,.\,\text{Cos}\,\delta}{\text{Cos}\,\frac{\alpha-\beta}{2}}$ folgt.

Für den Werth von Cos z in 9) erhält man

$$D = -\frac{\text{Cos}\,\delta\,\text{Sin}\,\beta\,\text{Sin}\,\frac{\alpha-\beta}{2}}{\text{Cos}\,\frac{\alpha+\beta}{2}} \text{ und}$$

$$C = +\frac{\text{Cos}\,\delta\,\text{Sin}\,\alpha\,\text{Sin}\,\frac{\alpha-\beta}{2}}{\text{Cos}\,\frac{\alpha+\beta}{2}}; \text{ also nach 4)}$$

$$\text{Sin}\,\varrho = -\frac{\text{Sin}\,\beta}{\text{Sin}\,\alpha}\,.\,\text{Sin}\,\mu$$

welche Gleichung nur statt finden kann, wenn μ oder $\varrho > \pi$ ist, welcher der Aufgabe widerspricht. Für unsere Aufgabe ist also nur

$$\text{Cos } z = \frac{\text{Cos}\,\frac{\alpha+\beta}{2}\,.\,\text{Cos}\,\delta}{\text{Cos}\,\frac{\alpha-\beta}{2}}$$

und diesem Werthe entsprechend,

11) $D = \frac{\text{Sin}\,\beta\,\text{Cos}\,\delta\,\text{Sin}\,\frac{\alpha+\beta}{2}}{\text{Cos}\,\frac{\alpha-\beta}{2}}$;

12) $C = \frac{\text{Sin}\,\alpha\,\text{Cos}\,\delta\,\text{Sin}\,\frac{\alpha+\beta}{2}}{\text{Cos}\,\frac{\alpha-\beta}{2}}$;

folglich

13) $\frac{D}{C} = \frac{\text{Sin}\,\beta}{\text{Sin}\,\alpha}$; und also aus 4)

14) $\text{Sin}\,\varrho : \text{Sin}\,\mu = \text{Sin}\,\beta : \text{Sin}\,\alpha.$

Zur Beurtheilung, ob ein Max. oder Min. gefunden ist, hat man

$$\varphi'' z = d\,(d\mu - d\varrho) = d\,\frac{-C\,\text{Sin}\,\varrho + D\,\text{Sin}\,\mu}{\text{Sin}\,\delta\,\text{Sin}\,\mu\,\text{Sin}\,\varrho\,\text{Sin}\,z^2}$$

$$= \frac{d\,(-C\,\text{Sin}\,\varrho + D\,\text{Sin}\,\mu)}{\text{Sin}\,\delta\,\text{Sin}\,\mu\,\text{Sin}\,\varrho\,\text{Sin}\,z^2};$$ weil die übrigen Glieder, den Factor $-C\,\text{Sin}\,\varrho + D\,\text{Sin}\,\mu$ enthaltend, für den gefundenen Werth von Cos z vermöge 4) zu Null werden müssen. Also

$\text{Sin}\,\delta\,\text{Sin}\,\mu\,\text{Sin}\,\varrho\,\text{Sin}\,z^2 \,.\, \varphi'' z$ oder $R =$

$$-C\,\text{Cos}\,\varrho\,d\varrho + D\,\text{Cos}\,\mu\,d\mu - \text{Sin}\,\varrho\,dC + \text{Sin}\,\mu\,dD$$

$$= \frac{BCD}{\text{Sin}\delta^2\text{Sin}\varrho\text{Sin}z^3} - \frac{ACD}{\text{Sin}\delta^2\text{Sin}\mu\text{Sin}z^3} - \text{Sin}\,\varrho\,\text{Cos}\,\alpha\,\text{Sin}\,z + \text{Sin}\,\mu\,\text{Cos}\,\beta\,\text{Sin}\,z.$$

$$= \frac{CD\,(B\,\text{Sin}\,\mu - A\,\text{Sin}\,\varrho)}{\text{Sin}\delta^2\,\text{Sin}\varrho\,\text{Sin}\mu\,.\,\text{Sin}z^3} + \text{Sin}z\,[\text{Sin}\mu\,\text{Cos}\beta - \text{Sin}\varrho\,\text{Cos}\alpha]$$

oder, aus 4) für Sin ϱ den Werth gesetzt,

$$R = \frac{D\,(BC - AD)}{\text{Sin}\delta^2\,\text{Sin}\varrho\,\text{Sin}z^3} + \frac{\text{Sin}\,\mu\,\text{Sin}\,z}{C}\,[C\,\text{Cos}\,\beta - D\,\text{Cos}\,\alpha].$$

Es ist aber $C\,\text{Cos}\,\beta - D\,\text{Cos}\,\alpha = (\text{Cos}\,\beta - \text{Cos}\,\alpha)\,\text{Cos}\,\delta$; und diesen Werth aus 6) substituirt, so entsteht

$$R = (\text{Cos}\beta - \text{Cos}\,\alpha)\left[\frac{D\,\text{Cos}\,\delta}{\text{Sin}\delta^2\,\text{Sin}\varrho\,\text{Sin}z} + \frac{\text{Sin}\mu\,\text{Sin}z\,\text{Cos}\delta}{C}\right]$$ oder

$$R = \frac{\text{Sin}\,(\alpha - \beta)\,[C^2 + (\text{Sin}\,\delta\,\text{Sin}\,\mu\,\text{Sin}\,z)^2]}{\text{Sin}\,\alpha\,\text{Sin}\,\mu\,\text{Sin}\,\delta^2\,\text{Sin}\,z},$$ welcher Ausdruck der Aufgabe gemäß, immer positiv ist, so daß also

$$\text{Cos}\,z = \frac{\text{Cos}\,\frac{\alpha+\beta}{2}\,\text{Cos}\,\delta}{\text{Cos}\,\frac{\alpha-\beta}{2}}$$ ein Kleinstes liefert.

§. 55.

§. 55.

Aufgabe.

Es sind zwei Parallelkreise BC, DE (Fig. 16) einer Kugel gegeben; man soll den Pol V eines 3ten Kreises NP und die Größe desselben, der Bedingung gemäß bestimmen, daß der Mittelpunktswinkel in denselben, zum Bogen TW zwischen den parallelen Kreisen auf einer und derselben Seite der größten Kreis-Ebene, welche die Figur darstellt, gedacht, d. h. der sphärische Winkel TVW, ein Max. oder Min. werde.

1te Auflösung.

Es sei A der Pol zu den Parallel-Kreisen; $AD = AE = \alpha$; der Halbmesser der Kugel $= 1$; $AB = AC = \beta$; $AV = x$; $VP = VN = z$, ferner bezeichne μ den sphärischen Winkel AVT; ϱ den AVW, so hat man die Bedingung:

1) $\varphi = \mu - \varrho =$ Max. oder Min., also

2) $d\mu = d\varrho$.

Ferner, im sphärischen $\triangle$ AVT:

3) $\operatorname{Cos}\alpha = \operatorname{Cos}x \operatorname{Cos}z + \operatorname{Sin}x \operatorname{Sin}z \operatorname{Cos}\mu$

und in dem AVW:

4) $\operatorname{Cos}\beta = \operatorname{Cos}x \operatorname{Cos}z + \operatorname{Sin}x \operatorname{Sin}z \operatorname{Cos}\varrho$.

Nimmt man nun die Ableitung in Beziehung auf x, so erhält man aus 3) und 4)

5) $o = -\operatorname{Cos}z\operatorname{Sin}x + \operatorname{Sin}z\operatorname{Cos}\mu\operatorname{Cos}x - \operatorname{Sin}z\operatorname{Sin}x\operatorname{Sin}\mu . d\mu$

6) $o = -\operatorname{Cos}z\operatorname{Sin}x + \operatorname{Sin}z\operatorname{Cos}\varrho\operatorname{Cos}x - \operatorname{Sin}x\operatorname{Sin}z\operatorname{Sin}\varrho . d\varrho$;

nimmt man sie aber in Beziehung auf z, so ergeben sich die Gleichungen

7) $o = -\operatorname{Cos}x\operatorname{Sin}z + \operatorname{Sin}x\operatorname{Cos}\mu\operatorname{Cos}z - \operatorname{Sin}x\operatorname{Sin}z\operatorname{Sin}\mu . d\mu$

8) $o = -\operatorname{Cos}x\operatorname{Sin}z + \operatorname{Sin}x\operatorname{Cos}\varrho\operatorname{Cos}z - \operatorname{Sin}x\operatorname{Sin}z\operatorname{Sin}\varrho . d\varrho$.

Entwickelt man nun $d\mu$ aus 5) $d\varrho$ aus 6) und setzt die Werthe in 2) so entsteht:

9) $$\frac{\text{Sin}\,z\,\text{Cos}\,\mu\,\text{Cos}\,x - \text{Sin}\,x\,\text{Cos}\,z}{\text{Sin}\,\mu} = \frac{\text{Sin}\,z\,\text{Cos}\,\varrho\,\text{Cos}\,x - \text{Sin}\,x\,\text{Cos}\,z}{\text{Sin}\,\varrho}.$$

Nimmt man aber $d\mu$, $d\varrho$ in Beziehung auf z, aus 7 und 8, und setzt sie in 2) so erhält man

10) $$\frac{\text{Sin}\,x\,\text{Cos}\,\mu\,\text{Cos}\,z - \text{Sin}\,z\,\text{Cos}\,x}{\text{Sin}\,\mu} = \frac{\text{Sin}\,x\,\text{Cos}\,\varrho\,\text{Cos}\,z - \text{Sin}\,z\,\text{Cos}\,x}{\text{Sin}\,\varrho},$$

und es sind nun 3) 4) 9) 10) die 4 Gleichungen, aus welchen die Werthe für x, z, μ, ϱ fürs Max. sowohl als fürs Min. zu entwickeln sind. Es reduciren sich aber die beiden Gleichungen 9) und 10) sehr leicht zu folgenden:

$$\text{Sin}\,x\,\text{Cos}\,z\,(\text{Sin}\,\mu - \text{Sin}\,\varrho) = \text{Cos}\,x\,\text{Sin}\,z\,\text{Sin}\,(\mu - \varrho) \text{ und}$$
$$\text{Sin}\,z\,\text{Cos}\,x\,(\text{Sin}\,\mu - \text{Sin}\,\varrho) = \text{Cos}\,z\,\text{Sin}\,x\,\text{Sin}\,(\mu - \varrho)$$

welche auch noch in folgender kürzerer Gestalt auszudrücken sind:

11) $$\text{Cotg}\,z\,\text{Cos}\,\frac{\mu + \varrho}{2} = \text{Cotg}\,x\,.\,\text{Cos}\,\frac{\mu - \varrho}{2} \text{ und}$$

12) $$\text{Cotg}\,x\,.\,\text{Cos}\,\frac{\mu + \varrho}{2} = \text{Cotg}\,z\,.\,\text{Cos}\,\frac{\mu - \varrho}{2}.$$

Diesen beiden Gleichungen, welche im Allgemeinen sich widersprechen, geschieht nur Genüge, wenn entweder:

13) $\text{Cotg}\,z = \text{Cotg}\,x = 0$; oder, wenn

14) $\text{Cos}\,\frac{\mu + \varrho}{2} = \text{Cos}\,\frac{\mu - \varrho}{2} = 0$ ist.

Aus 13) folgt

15) $x = z = \frac{1}{2}\pi$; wozu sich aus 3) und 4) $\mu = \alpha$ und $\varrho = \beta$ ergeben, indem die andern Resultate $\mu = 2\pi \pm \alpha$ und $\varrho = 2\pi \pm \beta$, statt der diesseitigen Durch-

schnittspunkte T, W, jenseitige, in der andern Halbkugelfläche gelegene liefern würden.

Aus 14) aber erhält man:

16) $\frac{\mu + \varrho}{2} = \frac{1}{2}\pi$ und auch $\frac{\mu - \varrho}{2} = \frac{1}{2}\pi$, indem die, ebenfalls der Gleichung genügenden Werthe $\frac{3}{2}\pi$, $\frac{5}{2}\pi$ u. s. w. auch jenseitige Punkte geben würden; woraus

17) $\mu = \pi$ und $\varrho = 0$ folgt, wozu aus 3) und 4) entsteht

$\text{Cos}\,\alpha = \text{Cos x Cos z} - \text{Sin x Sin z}$ und

$\text{Cos}\,\beta = \text{Cos x Cos z} + \text{Sin x Sin z}$ oder

$\text{Cos}\,\alpha = \text{Cos}\,(z + x)$ und

$\text{Cos}\,\beta = \text{Cos}\,(z - x)$, oder $\text{Cos}\,\beta = \text{Cos}\,(x - z)$;

welchen beiden Gleichungen Genüge geschieht, für

18) $z = \frac{\alpha + \beta}{2}$ und $x = \frac{\alpha - \beta}{2}$

19) $z = \frac{\alpha - \beta}{2}$ und $x = \frac{\alpha + \beta}{2}$

20) $z = \pi - \frac{\alpha + \beta}{2}$; und $x = \pi - \frac{\alpha - \beta}{2}$

21) $z = \pi - \frac{\alpha - \beta}{2}$; und $x = \pi - \frac{\alpha + \beta}{2}$.

Die hier gefundenen Resultate sind so einfach, daß ohne Aufsuchung der 2ten Ableitungen, (welche ohnedem für die Werthe in 17) unendlich groß werden) sogleich aus der Natur des Gegenstandes zu erkennen ist, welche Werthe ein Größtes und welche ein Kleinstes liefern.

22) Für $x = z = \frac{1}{2}\pi$; $\mu = \alpha$; $\varrho = \beta$ wird nemlich $\mu - \varrho = \alpha - \beta$, welches den kleinsten Verbindungsbogen beider parallelen Kreise, also für den zugehörigen Winkel ein Min. giebt.

23) Für $\mu = \pi$; $\varrho = 0$; $x = \frac{\alpha-\beta}{2}$; $z = \frac{\alpha+\beta}{2}$ liegt der Pol V in der Mitte zwischen D und C, T fällt in D, W in C und der Winkel TVW wird $= \pi$, nemlich größtmöglich.

24) Für $\mu = \pi$; $\varrho = 0$; $x = \frac{\alpha+\beta}{2}$; $z = \frac{\alpha-\beta}{2}$ liegt V in der Mitte zwischen B und D, T fällt in D; W in B und der Winkel TVW wird $= \pi$; ebenfalls ein Maximum.

25) Für $\mu = \pi$; $\varrho = 0$; $x = \pi - \frac{\alpha-\beta}{2}$; $z = \pi - \frac{\alpha+\beta}{2}$ liegt V in der Mitte zwischen B und E, T fällt in E; W in B und der Winkel TVW wird auch ein Max. nemlich $= \pi$.

26) Für $\mu = \pi$; $\varrho = 0$; $x = \pi - \frac{\alpha+\beta}{2}$; $z = \pi - \frac{\alpha-\beta}{2}$ liegt V in der Mitte des Bogens CNE; T fällt in E; W in C, und der Winkel TVW wird $=$ EVC nemlich $= \pi$, so daß ebenfalls ein Größtes statt findet.

2te Auflösung.

Bei derselben Bezeichnung wie in der ersten Auflösung, verstehe man außerdem unter A den Ausdruck $\text{Cos}\,\alpha - \text{Cos}\,x\,\text{Cos}\,z$; unter B den $\text{Cos}\,\beta - \text{Cos}\,x\,\text{Cos}\,z$; so hat man

$$\text{Cos}\,\mu = \frac{A}{\text{Sin}\,x\,\text{Sin}\,z};\quad \text{Cos}\,\varrho = \frac{B}{\text{Sin}\,x\,\text{Sin}\,z}$$

also $\mu = \text{Arc Cos}\,\frac{A}{\text{Sin}\,x\,\text{Sin}\,z}$; und

$\varrho = \text{Arc Cos}\,\frac{B}{\text{Sin}\,x\,\text{Sin}\,z}$. Hieraus folgt

1) $\frac{d\mu}{dx} = \frac{A \cos x - \sin x^2 \cos z}{\sin x . \sqrt{\sin x^2 \sin z^2 - A^2}}$;

2) $\frac{d\varrho}{dx} = \frac{B \cos x - \sin x^2 \cos z}{\sin x . \sqrt{\sin x^2 \sin z^2 - B^2}}$;

3) $\frac{d\mu}{dz} = \frac{A \cos z - \sin z^2 \cos x}{\sin z . \sqrt{\sin x^2 \sin z^2 - A^2}}$;

4) $\frac{d\varrho}{dz} = \frac{B \cos z - \sin z^2 \cos x}{\sin z . \sqrt{\sin x^2 \sin z^2 - B^2}}$.

Nun soll $\varphi = \mu - \varrho$ ein Max. oder Min. werden, und es entstehen daher die beiden Gleichungen

$$\frac{d\varphi}{dx} = \frac{d\mu}{dx} - \frac{d\varrho}{dx} = 0 \text{ und}$$

$$\frac{d\varphi}{dz} = \frac{d\mu}{dz} - \frac{d\varrho}{dz} = 0, \text{ oder}$$

5) $\frac{A \cos x - \sin x^2 \cos z}{\sqrt{\sin x^2 \sin z^2 - A^2}} = \frac{B \cos x - \sin x^2 \cos z}{\sqrt{\sin x^2 \sin z^2 - B^2}}$; und

6) $\frac{A \cos z - \sin z^2 \cos x}{\sqrt{\sin x^2 \sin z^2 - A^2}} = \frac{B \cos z - \sin z^2 \cos x}{\sqrt{\sin x^2 \sin z^2 - B^2}}$.

Aus 5) entspringt:

7) $[A \cos x - \sin x^2 \cos z]^2 [\sin x^2 \sin z^2 - B^2]$
$= [B \cos x - \sin x^2 \cos z]^2 [\sin x^2 \sin z^2 - A^2]$

oder nach Auflösung der Klammern und Division mit $A - B$

8) $2 \sin x^2 \sin z^2 \cos x \cos z + 2 A B \cos x \cos z$
$= (A + B) [\sin x^2 \cos z^2 + \cos x^2 \sin z^2]$

oder, wenn man die Werthe für A und B setzt:

9) $2 \cos x \cos z [1 + \cos\alpha \cos\beta - (\cos\alpha + \cos\beta) \cos x \cos z] =$
$(\cos\alpha + \cos\beta) [\sin x^2 \cos z^2 + \cos x^2 \sin z^2]$; oder

10) $2 \cos x \cos z [1 + \cos\alpha \cos\beta] = [\cos\alpha + \cos\beta] [\cos x^2 + \cos z^2]$

und vollkommen dieselbe Bedingung fließt aus der 2ten Gleichung 6) so daß also von algebraischer Entwicklung zweier unbekannten Größen x, z aus zwei verschiedenen Gleichungen hier nicht die Rede sein kann, indem beide Gleichungen, jede blos die Bestimmung in 10) ausspricht. Es kommt daher hier darauf an zu untersuchen, welche Werthe des x und z der Gleichung 10) Genüge leisten. In die Augen fallend wird die Gleichheit in 10) statt finden

I. für $\mathrm{Cos}\,x\ \mathrm{Cos}\,z = 0$ und auch

$$\mathrm{Cos}\,x^2 + \mathrm{Cos}\,z^2 = 0$$

II. für $2\,\mathrm{Cos}\,x\ \mathrm{Cos}\,z = \mathrm{Cos}\,\alpha + \mathrm{Cos}\,\beta$ und auch

$$\mathrm{Cos}\,x^2 + \mathrm{Cos}\,z^2 = 1 + \mathrm{Cos}\,\alpha\ \mathrm{Cos}\,\beta.$$

Die beiden Bedingungen in I. geben

$$\mathrm{Cos}\,x = 0 \text{ und auch } \mathrm{Cos}\,z = 0;$$

also $x = z = \frac{1}{2}\pi$, siehe 15) 1te Aufl.

Die beiden Bedingungen in II. verwandeln sich, weil

$$1 + \mathrm{Cos}\,\alpha\,\mathrm{Cos}\,\beta + \mathrm{Cos}\,\alpha + \mathrm{Cos}\,\beta = 4\,\mathrm{Cos}\,\frac{\alpha^2}{2}\,.\,\mathrm{Cos}\,\frac{\beta^2}{2}$$

und

$$1 + \mathrm{Cos}\,\alpha\,\mathrm{Cos}\,\beta - \mathrm{Cos}\,\alpha - \mathrm{Cos}\,\beta = 4\,\mathrm{Sin}\,\frac{\alpha^2}{2}\,.\,\mathrm{Sin}\,\frac{\beta^2}{2} \text{ ist}$$

in folgende zwei:

11) $(\mathrm{Cos}\,x + \mathrm{Cos}\,z)^2 = 4\,\mathrm{Cos}\,\frac{\alpha^2}{2}\,.\,\mathrm{Cos}\,\frac{\beta^2}{2}$

12) $(\mathrm{Cos}\,x - \mathrm{Cos}\,z)^2 = 4\,\mathrm{Sin}\,\frac{\alpha^2}{2}\,.\,\mathrm{Sin}\,\frac{\beta^2}{2}$

welchen Genüge geschieht

a) für $\mathrm{Cos}\,x + \mathrm{Cos}\,z = 2\,\mathrm{Cos}\,\frac{\alpha}{2}\ \mathrm{Cos}\,\frac{\beta}{2}$ und

$$\mathrm{Cos}\,x - \mathrm{Cos}\,z = 2\,\mathrm{Sin}\,\frac{\alpha}{2}\,.\,\mathrm{Sin}\,\frac{\beta}{2}.$$

b) für $\mathrm{Cos}\,x + \mathrm{Cos}\,z = 2\,\mathrm{Cos}\,\frac{\alpha}{2}\ \mathrm{Cos}\,\frac{\beta}{2}$ und

$$\mathrm{Cos}\,x - \mathrm{Cos}\,z = -\,2\,\mathrm{Sin}\,\frac{\alpha}{2}\ \mathrm{Sin}\,\frac{\beta}{2}.$$

c) für $\cos x + \cos z = -2 \cos \frac{\alpha}{2} \cos \frac{\beta}{2}$ und

$$\cos x - \cos z = -2 \sin \frac{\alpha}{2} \sin \frac{\beta}{2}.$$

d) für $\cos x + \cos z = -2 \cos \frac{\alpha}{2} \cos \frac{\beta}{2}$ und

$$\cos x - \cos z = 2 \sin \frac{\alpha}{2} \sin \frac{\beta}{2}.$$

Aus a) erhält man $z = \frac{\alpha + \beta}{2}$ und $x = \frac{\alpha - \beta}{2}$ siehe 18) 1te Aufl.

Aus b) folgt: $z = \frac{\alpha - \beta}{2}$ und $x = \frac{\alpha + \beta}{2}$ siehe 19) 1te Aufl.

Aus c) ergiebt sich: $z = \pi - \frac{\alpha + \beta}{2}$; und $x = \pi - \frac{\alpha - \beta}{2}$ siehe 20) 1te Aufl.

Aus d) findet man: $z = \pi - \frac{\alpha - \beta}{2}$; und $x = \pi - \frac{\alpha + \beta}{2}$ siehe 21) 1te Aufl.

3te Auflösung.

Aus der Gleichung 10) 2te Aufl. erhält man auch durch Auflösung der unreinen quadratischen Gleichung

$$\cos z = \begin{cases} \dfrac{1 + \cos(\alpha - \beta)}{\cos \alpha + \cos \beta} \cdot \cos x \\[2ex] \dfrac{1 + \cos(\alpha + \beta)}{\cos \alpha + \cos \beta} \cdot \cos x; \text{ oder} \end{cases}$$

$$\cos z = \begin{cases} \dfrac{\cos \frac{\alpha - \beta}{2}}{\cos \frac{\alpha + \beta}{2}} \cdot \cos x \\[2ex] \dfrac{\cos \frac{\alpha + \beta}{2}}{\cos \frac{\alpha - \beta}{2}} \cdot \cos x \text{ und es läßt sich} \end{cases}$$

daher die Gleichung 10) auch in folgender Form darstellen:

$$\left[\operatorname{Cos} z - \frac{\operatorname{Cos}\frac{\alpha-\beta}{2}}{\operatorname{Cos}\frac{\alpha+\beta}{2}} \cdot \operatorname{Cos} x\right]\left[\operatorname{Cos} z - \frac{\operatorname{Cos}\frac{\alpha+\beta}{2}}{\operatorname{Cos}\frac{\alpha-\beta}{2}} \operatorname{Cos} x\right] = 0$$

welcher Genüge geschieht, sowohl für

$\operatorname{Cos}\frac{\alpha+\beta}{2} \cdot \operatorname{Cos} z = \operatorname{Cos}\frac{\alpha-\beta}{2} \cdot \operatorname{Cos} x$; als auch für

$\operatorname{Cos}\frac{\alpha-\beta}{2} \operatorname{Cos} z = \operatorname{Cos}\frac{\alpha+\beta}{2} \operatorname{Cos} x$; und aus diesen 2 Gleichungen ergeben sich ebenfalls die 5 verschiedenen Resultate.

§. 56.

Aufgabe.

Um ein gegebenes Viereck, die größte oder kleinste Ellipse zu legen.

Auflösung.

Es sei CDEF (Fig. 20) das gegebene Viereck, CF $=$ a; CD $=$ b; $\angle$ FCD $= \mu$; die Verlängerungen von CF und DE treffen sich in H, die von CD und FE in G; CH sei $=$ c; CG $=$ d; folglich c $>$ a und d $>$ b; CH sei die Abscissenlinie für die verlangte Ellipse, C der Anfangspunkt der Abscissen, von C nach H gemessen gedacht; μ sei der Coordinaten-Winkel; jede Abscisse heiße x, die jedesmal zugehörigen Ordinaten y; und die zu bestimmende Gleichung sei (siehe Anm. 1)

1) $y^2 + \alpha xy + \beta x^2 + \gamma y + \delta x + \varepsilon = 0$

so hat man die 5 unbekannten Größen $\alpha, \beta, \gamma, \delta, \varepsilon$ folgenden 5 Bedingungen entsprechend, zu bestimmen.

Es muß erstens C; 2tens D; 3tens F; 4tens E in der Peripherie der Ellipse liegen, und es soll 5tens der Flächenraum der Ellipse ein Max. oder Min. sein.

Zu Erfüllung der 1ten Bedingung muß die Gleichung 1; für $x = o$, auch $y = o$ liefern; hieraus folgt

2) $\varepsilon = o$.

Die 2te Bedingung wird erfüllt, wenn für $x = o$; sich b als zugehöriger Werth von y ergiebt; aus ihr entspringt

3) $\gamma = - b$.

Die 3te Bedingung wird genügt, wenn für $x = a$; sich $y = o$ ergiebt; diese Werthe in 1) gesetzt, so entspringt

4) $\delta = - \beta a$.

Die Gleichung welche den 3 ersten Bedingungen genügt, ist also

5) $y^2 + \alpha x y + \beta x^2 - b y - \beta a x = o$

woraus hervorgeht

6) $y = \frac{1}{2} [b - \alpha x \pm \sqrt{(b - \alpha x)^2 - 4 \beta x^2 + 4 a \beta x}]$

oder

7) $y = \frac{1}{2} [b - \alpha x \pm \sqrt{b^2 + 2 [2 a \beta - b \alpha] x + (\alpha^2 - 4 \beta) x^2}]$.

Zur Erfüllung der 4ten Bedingung, sei

8) $y + p x + q = o$ die Gleichung für die gerade Linie F G, dieselbe Abscissenlinie, denselben Anfangspunkt und denselben Coordinaten-Winkel, wie für die Ellipse gedacht, so hat man in Beziehung auf den Punkt F;

$x = a$; $y = o$; also

$p a + q = o$

und in Beziehung auf den Punkt G;

$x = o$; $y = d$; also

$d + q = o$; folglich

$q = -d$; $p = \frac{d}{a}$; daher die Gleichung für FG;

9) $ay + dx = ad$.

Versteht man nun unter x die Abscissen für welche die gerade Linie FG mit der Ellipse gemeinschaftliche Ordinaten hat, also die Abscissen zu den Punkten F und E, so ergeben sich diese beiden Werthe von x aus der Gleichsetzung, von

$\frac{ad - dx}{a}$ aus 9) und von dem Werth des y in 7) also aus der Gleichung

10) $\frac{ad - dx}{a} = \frac{1}{2}[b - \alpha x \pm \sqrt{b^2 + 2(2a\beta - b\alpha)x + (\alpha^2 - 4\beta)x^2}]$.

Ordnet man diese, so erhält man

11) $x^2 + \frac{a[ad\alpha - 2d^2 + bd - a^2\beta]}{d^2 - a\alpha d + a^2\beta}x + \frac{a^2d(d - b)}{d^2 - a\alpha d + a^2\beta} = o$.

Nun ist aber in Beziehung auf den Punkt F; $x = a$ und folglich muß $x - a$ ein Factor von 11) sein. Die wirkliche Division giebt den Quotienten

$$x + a \cdot \frac{d(b - d)}{d^2 - a\alpha d + a^2\beta}$$

und es ist daher die Abscisse für den Punkt E

12) $= \frac{ad(d - b)}{d^2 - a\alpha d + a^2\beta}$.

Es ist aber ferner die Gleichung für die gerade Linie DH

13) $cy + bx = bc$;

dieselbe Abscissenlinie, denselben Anfangspunkt und den

selben Coordinatenwinkel wie für die Ellipse verstanden, welche Gleichung sich ganz so, wie die in 9) ergiebt.

Für die Punkte D und E, als die gemeinschaftlichen der geraden Linie DH und der Ellipse, erhält man daher die Abscissen, aus der Gleichung

$$14)\ \frac{bc - bx}{c} = \tfrac{1}{2}\left[b - \alpha x \pm \sqrt{b^2 + 2(2a\beta - \alpha b)x + (\alpha^2 - 4\beta)x^2}\right]$$

welche geordnet, in folgende übergeht

$$15)\ x^2 + \frac{4ac^2\beta - 2bc^2\alpha - 2bc(\alpha c - 2b)}{\alpha^2 c^2 - 4c^2\beta - (\alpha c - 2b)^2} \cdot x = 0.$$

Es ist aber $x = 0$ die Abscisse für D; folglich die für den Punkt E

$$16) = - \frac{4ac^2\beta - 2bc^2\alpha - 2bc(\alpha c - 2b)}{\alpha^2 c^2 - 4c^2\beta - (\alpha c - 2b)^2}\text{; oder}$$

$$= c \cdot \frac{ac\beta - bc\alpha + b^2}{b^2 + c^2\beta - bc\alpha}.$$

Die 4te Bedingung wird demnach erfüllt, wenn die Werthe in 12) und 16) einander gleich sind, also für

$$17)\ \frac{ad(d-b)}{d^2 - a\alpha d + a^2\beta} = c \cdot \frac{ac\beta - bc\alpha + b^2}{b^2 + c^2\beta - bc\alpha}.$$

Entwickelt man β aus dieser Gleichung, so entsteht:

$$\beta = \frac{-b(ab+cd) + ac\alpha(b+d) \pm \sqrt{[ac(d-b)\alpha + b(ab+cd-2ad)]^2}}{2a^2c.}$$

und hieraus erhält man folgende 2 Werthe

$$18)\ \beta = \frac{d(c\alpha - b)}{ac};$$

$$19)\ \beta = \frac{b[ac\alpha + ad - (ab+cd)]}{a^2 c}.$$

Es muß aber, den Eigenschaften der Ellipse gemäß, (siehe Anm. 1)

20) $4\beta > \alpha^2$ sein;

setzt man in 20) den Werth für β aus 18) so entsteht leicht

21) $\frac{4d(dc-ab)}{a^2c} > \left(\alpha - \frac{2d}{a}\right)^2$.

Setzt man aber in 20) den Werth für β aus 19) so erhält man

22) $-\frac{4b(c-a)(d-b)}{a^2c} > \left(\alpha - \frac{2b}{a}\right)^2$

welcher letzten Ungleichung, wegen $c > a$ und $d > b$, kein Werth für α genügen kann. Der Ungleichung 21) aber genügen unzählig viele Werthe für α, und es ist daher nur der Werth für β in 18) der Aufgabe entsprechend.

Es gehen daher alle die Ellipsen durch die 4 Punkte C, D, E, F welche der Gleichung

23) $y^2 + \alpha xy + \frac{d(c\alpha-b)}{ac}x^2 - by - \frac{d(c\alpha-b)}{c}x = 0$

oder der:

$$y^2 + \frac{ac\beta + bd}{cd}xy + \beta x^2 - by - a\beta x = 0$$

entsprechen, wobei α jeden der Ungleichung 21) genügenden Werth haben kann, d. h. wobei

24) $\begin{cases} \alpha > \frac{2d}{a} - \sqrt{\frac{4d(cd-ab)}{a^2c}} \text{ und} \\ \alpha < \frac{2d}{a} + \sqrt{\frac{4d(cd-ab)}{a^2c}} \text{ sein muß.} \end{cases}$

Es fragt sich nun, der 5ten Bedingung zu entsprechen, blos noch: **für welchen Werth von α wird die Ebene der Ellipse ein Max. oder Min.?**

Zu Beantwortung dieser letzten Frage sind 2 coordinirte Achsen der Ellipse zu bestimmen.

Sucht man zu dem Ende diejenigen Abscissen, zu welchen nur eine Ordinate gehört, so ergeben sich aus 7) diejenigen Werthe von x, für welche die jedesmaligen beiden Werthe für y einander gleich sind, aus der Gleichung:

$$b^2 + 2(2a\beta - b\alpha)x + (\alpha^2 - 4\beta)x^2 = 0$$

nemlich:

$$25)\ x = \frac{2a\beta - b\alpha \pm 2\sqrt{\beta(a^2\beta - ab\alpha + b^2)}}{4\beta - \alpha^2}.$$

Ist nun KN die erste, LP die letzte Ordinate der gesuchten Ellipse, so hat man

$$26)\ -CK = \frac{2a\beta - b\alpha - 2\sqrt{\beta(a^2\beta - ab\alpha + b^2)}}{4\beta - \alpha^2}$$

und

$$27)\ CL = \frac{2a\beta - b\alpha + 2\sqrt{\beta(a^2\beta - ab\alpha + b^2)}}{4\beta - \alpha^2}$$

folglich

$$28)\ KL = \frac{4\sqrt{\beta(a^2\beta - ab\alpha + b^2)}}{4\beta - \alpha^2}$$

und die Abscisse des Mittelpunktes M der Ellipse, d. i.

$$CQ = \frac{KL}{2} - CK = \frac{CL - CK}{2} \text{ oder}$$

$$29)\ CQ = \frac{2a\beta - b\alpha}{4\beta - \alpha^2}.$$

Die zu CQ gehörigen beiden Ordinaten sind dann aus 7) leicht zu erhalten, wenn man den Werth in 29) für x in 7) setzt. Man erhält den Ausdruck

$$30)\ \frac{2b\beta - a\alpha\beta}{4\beta - \alpha^2} \pm \sqrt{\frac{b^2\beta + a^2\beta^2 - ab\alpha\beta}{4\beta - \alpha^2}}$$

wo das obere Zeichen den Werth für QR, das untere den, für − QT liefert.

Beide Ausdrücke liefern QR + QT, oder

31) $TR = 2 \sqrt{\frac{b^2 \beta + a^2 \beta^2 - a b \alpha \beta}{4 \beta - \alpha^2}}$.

Bezeichnet nun ϱ den Winkel welchen die coordinirten Achsen NP und TR bilden, so hat man NP Sin ϱ = KL . Sin μ, oder aus 28)

32) $NP \,.\, \text{Sin}\, \varrho = \text{Sin}\, \mu \,.\, \frac{4 . \sqrt{\beta (a^2 \beta + b^2 - a b \alpha)}}{4 \beta - \alpha^2}$.

Es ist aber die Ebene φ der Ellipse $= \frac{1}{4} \pi$. NP . TR . Sin ϱ (siehe Anm. 2); oder, wenn man die Werthe aus 31) und 32) substituirt

33) $\varphi = 2 \pi \,\text{Sin}\, \mu \,.\, \frac{\beta . (a^2 \beta + b^2 - a b \alpha)}{(4 \beta - \alpha^2)^{\frac{3}{2}}}$.

Setzt man nun

$$P = \frac{[a^2 \beta^2 + b^2 \beta - a b \alpha \beta]^2}{(4 \beta - \alpha^2)^3}$$

so hat man zur Bestimmung von α und β die beiden Gleichungen

34) $dP = 0$

35) $a c \beta = c d \alpha - b d$ (siehe 18)

zu erfüllen.

Substituirt man aus 35) den Werth für α in 34) so entsteht

36) $d \frac{[a^2 c (d - b) \beta^2 + b^2 d (c - a) \beta]^2}{[2 c d (2 c d - a b) \beta - a^2 c^2 \beta^2 - b^2 d^2]^3} = 0$

und hieraus die geordnete cubische Gleichung:

37) $a^4 c^3 . (d-b) \beta^3 + a^2 c^2 d [2cd^2 - abd - 2bcd + 2b^2 c - ab^2] \beta^2$
$- b^2 cd^2 [2 c^2 d - abc - 2acd + 2a^2 d - a^2 b] \beta - b^4 d^3 (c-a) = 0$

aus welcher in Zahlenfällen, der Werth für β durch Versuche zu entnehmen ist.

§. 57.

Zusatz.

Ist $c = d$ und $b = a$, so verwandelt sich die Gleichung 37) in folgende:

$$a^4 c^3 (c-a)\beta^3 + (2c^2+a^2)(c-a)\beta^2 - (2c^2+a^2)(c-a)\beta - a^4 c^3 (c-a) = 0$$

oder:

$$a^2(\beta^3 - 1) + (2c^2 + a^2)\beta . (\beta - 1) = 0$$

oder auch, weil $\beta^3 - 1 = (\beta - 1)(\beta^2 + \beta + 1)$ ist, in

$$(\beta - 1)[a^2\beta^2 + 2(a^2 + c^2)\beta + a^2] = 0$$

welcher Genüge geschieht, für

1) $\beta = 1$

2) $a^2\beta^2 + 2(a^2 + c^2)\beta + a^2 = 0.$

Nun liefert aber 2) zwei negative Werthe für β, welche vermöge 20) der Aufgabe nicht genügen können, so daß also, wenn $d = c$, und $b = a$ ist, nothwendig $\beta = 1$, folglich, nach 35) $\alpha = \frac{2a}{c}$ sein muß, welche Werthe auch der Bedingung 20) und denen 24) genügen.

Es ist aber, für $d = c$ und $b = a$;

$$dP = (\beta - 1) . \frac{(\beta^2 + \beta)[a^2\beta^2 + 2(a^2 + c^2)\beta + a^2]}{[(4c^2 - 2a^2)\beta - a^2\beta^2 - a^2]^4}$$

und hieraus, für $\beta = 1$;

$$d^2P = \frac{(\beta^2 + \beta)[a^2\beta^2 + 2(a^2 + c^2)\beta + u^2}{[(4c^2 - 2a^2)\beta - a^2\beta^2 - a^2]^4}$$

$$= \frac{2a^2 + c^2}{4^3 . (c^2 - a^2)^4}$$

daher die elliptische Ebene, für $\beta = 1$ ein Min., wenn $d = c$ und $b = a$ ist.

Die Größe dieses Min. erhält man

$$= \frac{\pi a^2 c^2 . \mathrm{Sin}\,\mu}{2(c+a)\sqrt{c^2-a^2}}$$

und die Gleichung für diese Ellipse ist,

$$cy^2 + 2axy + cx^2 - ac(x+y) = 0.$$

Anmerkung 1. Aus (§. 99 meiner Analys) folgt, wenn u jede Abscisse, z die zugehörige Ordinate, α den Coordinaten-Winkel, δ den, welchen die Abscissenlinie mit der Achse eines Kegelschnittes macht, bezeichnet, für jeden Kegelschnitt, der Form nach, folgende Gleichung:

$$az^2 + bzu + cu^2 + dz + eu + f = 0$$

und es ist:

1tens für die Parabel

$$a = \mathrm{Sin}\,(\alpha - \delta)^2;\ b = 2\,\mathrm{Sin}\,(\alpha - \delta)\,\mathrm{Sin}\,\delta;$$

$$c = \mathrm{Sin}\,\delta^2$$

also $b^2 = 4ac$.

2tens für die Ellipse, also auch für den Kreis, unter n irgend eine positive Zahl verstanden,

$$a = \mathrm{Sin}\,(\alpha - \delta)^2 + n\,\mathrm{Cos}\,(\alpha - \delta)^2$$

$$b = 2\,[\mathrm{Sin}\,(\alpha - \delta)\,\mathrm{Sin}\,\delta - n\,\mathrm{Cos}\,(\alpha - \delta)\,\mathrm{Cos}\,\delta]$$

$$c = \mathrm{Sin}\,\delta^2 + n\,\mathrm{Cos}\,\delta^2$$

also $4ac - b^2 = 4n\,\mathrm{Sin}\,(2\delta - \alpha)^2$ immer positiv, folglich $4ac > b^2$

3tens für die Hyperbel. Hier ist bei derselben Bedeutung von n,

$$a = \mathrm{Sin}\,(\alpha - \delta)^2 - n\,\mathrm{Cos}\,(\alpha - \delta)^2$$

$$b = 2\,[\mathrm{Sin}\,(\alpha - \delta)\,\mathrm{Sin}\,\delta + n\,\mathrm{Cos}\,(\alpha - \delta)\,\mathrm{Cos}\,\delta]$$

$c = \mathrm{Sin}\,\delta^2 - n\,\mathrm{Cos}\,\delta^2$ und also

$b^2 - 4ac = 4n\,\mathrm{Sin}\,\alpha^2$ immer positiv, folglich

$$4ac < b^2.$$

Anmer-

Anmerkung 2. Ist Fig. 19, M der Mittelpunkt einer Ellipse, CME irgend ein Durchmesser derselben, und läuft nun DMF parallel mit den Tangenten der Ellipse in C und E, so heißen CE und DF coordinirte Achsen der Ellipse.

Ist nun AB = a die große Achse, und wird der Winkel DMB durch γ, der CMA durch λ, jede Abscisse von A aus auf AB gemessen, durch x, die zugehörige normale Ordinate aber durch y ausgedrückt, so ist

1) $y^2 = \frac{c^2}{a^2} \cdot (ax - x^2)$, und

2) $\frac{dy}{dx} = Tg\,\gamma = \frac{c^2}{a^2}\,\frac{a - 2x}{2y}$

Setzt man in 1) und 2) $CG = \frac{1}{2}\,CE\,Sin\,\lambda$ für y; und $AG = \frac{a}{2} - \frac{1}{2}\,CE\,Cos\,\lambda$ für x, so hat man

aus 1) $CE^2 = \frac{a^2 c^2}{a^2 Sin\,\lambda^2 + c^2 Cos\,\lambda^2}$; und aus

2) $Tg\,\gamma = \frac{c^2}{a^2} \cdot Cotg\,\lambda$.

Wird aber in 1) $DL = \frac{1}{2}\,FD\,Sin\,\gamma$ für y; und $AL = \frac{a}{2} + \frac{1}{2}\,FD\,Cos\,\gamma$ für x geschrieben, so entsteht

3) $$FD^2 = \frac{a^2 c^2}{a^2 Sin\,\gamma^2 + c^2 Cos\,\gamma^2} = \frac{a^2 c^2 (1 + Tg\,\gamma^2)}{a^2 Tg\,\gamma^2 + c^2}$$

$$= \frac{a^2 c^2 \left[1 + \frac{c^4}{a^4}\,Cotg\,\lambda^2\right]}{a^2\,\frac{c^4}{a^4} \cdot Cotg\,\lambda^2 + c^2}$$

$$= \frac{a^4 Sin\,\lambda^2 + c^4 Cos\,\lambda^2}{a^2 Sin\,\lambda^2 + c^2 Cos\,\lambda^2}$$; folglich

I. $CE^2 + FD^2 = a^2 + c^2$.

Ferner ist:

$\text{Sin}\, CMF^2 = \text{Sin}\,(\gamma + \lambda)^2 = [\text{Sin}\,\gamma\,\text{Cos}\,\lambda + \text{Cos}\,\gamma\,\text{Sin}\,\lambda]^2$

$$= [\text{Tg}\,\gamma\,\text{Cos}\,\lambda + \text{Sin}\,\lambda]^2\,\text{Cos}\,\gamma^2 = \frac{\left[\frac{c^2}{a^2}\,\text{Cotg}\,\lambda\,\text{Cos}\,\lambda + \text{Sin}\,\lambda\right]^2}{1 + \frac{c^4}{a^4}\,\text{Cotg}\,\lambda^2}$$

$$= \frac{[a^2\,\text{Sin}\,\lambda^2 + c^2\,\text{Cos}\,\lambda^2]^2}{a^4\,\text{Sin}\,\lambda^2 + c^4\,\text{Cos}\,\lambda^2};$$ folglich

$CE^2 \,.\, FD^2 \,.\, (\text{Sin}\, CMF)^2 = a^2 c^2$; also nach §. 123 meiner Analysis

II. $\frac{\pi}{4}\, CE \,.\, FD \,.\, \text{Sin}\, CMF = \frac{1}{4}\pi\, ac =$ der elliptischen Ebene.

§. 58.

Aufgabe.

Der Cubic-Inhalt eines normalen 3seitigen Prismens, dessen Grund-Ebenen gleichschenklichte Dreiecke sind, soll $= a^3$ werden; jede Flächen-Einheit der beiden Grundebenen koste m, jede der 3 Seitenebenen koste n; die Abmessungen der Bedingung gemäß zu bestimmen, daß die gesammten Begränzungskosten ein Min. werden.

Auflösung.

Bei den in Fig. 21 angedeuteten Bezeichnungen, entstehen sogleich die Bedingungen:

1) $\frac{1}{2}\, x y z = a^3$;

2) $P = x y m + \left[x z + 2 z \sqrt{\frac{x^2}{4} + y^2}\right] n = \text{Min.}$

oder z aus 1) in 2) gesetzt

$$P = x y m + \frac{2 a^3 n}{y} + \frac{2 a^3 n \sqrt{x^2 + 4 y^2}}{x y};$$ also

3) $\frac{dP}{dx} = my - 8a^3n \frac{y}{x^2 . \sqrt{x^2 + 4y^2}}$

4) $\frac{dP}{dy} = mx - \frac{2a^2n}{y^2} - 2a^3n . \frac{x}{y^2 . \sqrt{x^2 + 4y^2}}.$

Aus $\frac{dP}{dx} = 0$ erhält man

5) $\sqrt{x^2 + 4y^2} = \frac{8a^3n}{mx^2}$ und wird dieser Werth in $\frac{dP}{dy} = 0$ gesetzt, so entsteht

6) $4y^2 = \frac{8a^3n}{mx} + x^2.$

Eliminirt man nun aus 5) und 6) $4y^2$ so erhält man

7) $x = a . \sqrt[3]{\frac{4n}{m}}$; dann aus 6)

8) $y = a . \sqrt[6]{\frac{27}{4}\left(\frac{n}{m}\right)^2}$ und aus 1)

9) $z = a . \sqrt[6]{\frac{16}{27} . \left(\frac{m}{n}\right)^4}.$

Aus 3) und 4) erhält man nun:

$\frac{d^2P}{dx^2} = \frac{9m\sqrt{3}}{8}$

$\frac{d^2P}{dy^2} = \frac{3m\sqrt{3}}{2}$

$\frac{d^2P}{dx\,dy} = \frac{3m}{4}$ und also

$\frac{d^2P}{dx^2} . \frac{d^2P}{dy^2} - \left(\frac{d^2P}{dx\,dy}\right)^2 = \frac{9m^2}{8}$, und es ist daher ein Min. gefunden.

§. 59.

Aufgabe.

Der Umfang eines Dreiecks sei $= a$; die Seiten

der Bedingung gemäß zu bestimmen, daß der Inhalt desselben ein Max. oder Min. werde.

Auflösung.

Bezeichnet man 2 Seiten durch x, y, so ist die 3te $= a - x - y$, und der Inhalt des Dreiecks

$$= \frac{1}{4} \sqrt{a(a-2x)(a-2y)(2x+2y-a)}$$

und es kommt also darauf an, die Werthe für x und y so zu bestimmen, daß

$$u = (a-2x)(a-2y)(2x+2y-a)$$

ein Max. oder Min. werde.

Man erhält:

$$\frac{du}{dx} = 4(a-2y)(a-2x-y) \text{ und}$$

$$\frac{du}{dy} = 4 \cdot (a-2x)(a-2y-x).$$

Aus $\frac{du}{dx} = 0$ und $\frac{du}{dy} = 0$ folgt nun, für ein entstehendes Dreieck, nur

$$a - 2x - y = 0 \text{ und}$$

$$a - 2y - x = 0$$

aus welchen beiden Gleichungen hervorgeht

$$x = y = \frac{1}{3} a$$

so daß also das gleichseitige Dreieck das verlangte ist.

Man hat ferner

$$\frac{d^2u}{dx^2} = -\frac{8}{3} a$$

$$\frac{d^2u}{dy^2} = -\frac{8}{3} a$$

$$\frac{d^2u}{dx\,dy} = -\frac{4}{3} a; \text{ also}$$

$\frac{d^2u}{dx^2} \cdot \frac{d^2u}{dy^2} - \left(\frac{d^2u}{dx \cdot dy}\right)^2 = + \frac{16}{3} a^2$; daher ist ein Maximum gefunden.

§. 60.

Aufgabe.

Unter allen normalen abgekürzten Kegeln von einerlei Inhalt $= a^3$; die Abmessungen desjenigen zu bestimmen, dessen gesammte Begränzungsfläche ein Max. oder Min. ist.

Auflösung.

Der Halbmesser der kleineren Grund-Ebene sei $= x$, Fig. 20, die Seite y, und der Winkel welchen die Seite mit der Höhe bildet $= z$, so ist die Bedingungs-Gleichung:

1) $\frac{1}{3} \pi y \operatorname{Cos} z \left[x^2 + (x + y \operatorname{Sin} z)^2 + x(x + y \operatorname{Sin} z)\right] = a^3$

und hieraus:

2) $x = \frac{1}{2} \cdot \left[- y \operatorname{Sin} z + \sqrt{\frac{12a^3 - \pi y^3 \operatorname{Sin} z^2 \operatorname{Cos} z}{3 \pi y \operatorname{Cos} z}}\right]$.

Nun ist ferner:

die untere Grundebene $= x^2 \pi$

die obere Grundebene $= [x + y \operatorname{Sin} z]^2 \pi$; und

der Mantel $= \pi y \, [x + x + y \operatorname{Sin} z]$

folglich die gesammte Begränzungsfläche, oder

3) $u = \pi \left[2x^2 + 2xy \operatorname{Sin} z + 2xy + y^2 \operatorname{Sin} z^2 + y^2 \operatorname{Sin} z\right]$.

Aus 1) folgt aber

4) $2x^2 + 2xy \operatorname{Sin} z = \frac{6a^3 - 2\pi y^3 \operatorname{Sin} z^2 \operatorname{Cos} z}{3 \pi y \operatorname{Cos} z}$

und setzt man diesen Werth für $2x^2 + 2xy \operatorname{Sin} z$, und den für x aus 2) in 3) so erhält man

5) $u = \frac{2a^3}{y \operatorname{Cos} z} + \frac{1}{3} \pi y^2 \operatorname{Sin} z^2 + \pi y \cdot \sqrt{\frac{12a^3 - \pi y^3 \operatorname{Sin} z^2 \operatorname{Cos} z}{3 \pi y \operatorname{Cos} z}}$

und hieraus:

$$6)\ \frac{du}{dy}=\frac{2[-3a^3+\pi y^3 \mathrm{Sin}z^2 \mathrm{Cos}z]\left[\sqrt{\frac{12a^3-\pi y^3 \mathrm{Sin}z^2 \mathrm{Cos}z}{3\pi y \mathrm{Cos}z}}-y\right]}{3y^2 \mathrm{Cos}z \cdot \sqrt{\frac{12a^3-\pi y^3 \mathrm{Sin}z^2 \mathrm{Cos}z}{3\pi y \mathrm{Cos}z}}};$$

$$7)\ \frac{du}{dz}=\mathrm{Sin}z.\frac{2[3a^3+\pi y^3 \mathrm{Cos}z^3]\sqrt{\frac{12a^3-\pi y^3 \mathrm{Sin}z^2 \mathrm{Cos}z}{3\pi y \mathrm{Cos}z}}-y[\pi y^3 \mathrm{Cos}z^3-6a^3]}{3y \mathrm{Cos}z^2 \cdot \sqrt{\frac{12a^3-\pi y^3 \mathrm{Sin}z^2 \mathrm{Cos}z}{3\pi y \mathrm{Cos}z}}}.$$

Es wird aber

I. $\frac{du}{dy}=0$; für

8) $-3a^3+\pi y^3 \mathrm{Sin}\,z^2 \mathrm{Cos}\,z=0$; also für

9) $y^3=\frac{3a^3}{\pi \mathrm{Sin}\,z^2 \mathrm{Cos}\,z}$; und setzt man diesen Werth in $\frac{du}{dz}=0$, so ergiebt sich bald

10) $\mathrm{Sin}\,z^2+\frac{2}{3}\mathrm{Sin}\,z-\frac{1}{3}=0$

und hieraus erhält man:

11) $\mathrm{Sin}\,z=\frac{1}{3}$; also $\mathrm{Cos}\,z=\frac{2\sqrt{2}}{3}$; dann

$y=3a\cdot\sqrt[6]{\frac{9}{8\pi^2}}$; und $x=0$, also einen ganzen Kegel.

Für diese Werthe erhält man aber

$$\frac{d^2u}{dy^2}=-\frac{4\pi}{9};\quad \frac{d^2u}{dz^2}=-\frac{3a^2}{4}\cdot\sqrt[3]{\frac{\pi}{3}};$$

$$\frac{d^2u}{dy\,.\,dz}=-\frac{5a\pi}{\sqrt[3]{9\pi}};\ \text{also}$$

$$\frac{d^2u}{dy^2}\cdot\frac{d^2u}{dz^2}-\left(\frac{d^2u}{dy\,dz}\right)^2=-8a^2\pi\cdot\sqrt[3]{\frac{\pi}{3}}$$

so daß also für die Werthe in 11) weder ein Max. noch ein Min. statt findet.

Ferner wird:

II. $\frac{du}{dy} = 0$, für

12) $\sqrt{\frac{12a^3 - \pi y^3 \operatorname{Sin} z^2 \operatorname{Cos} z}{3\pi y \operatorname{Cos} \beta}} - y = 0$; also für

13) $y^3 = \frac{12a^3}{\pi \operatorname{Cos} \beta\, [3 - \operatorname{Sin} \beta^2]}$, und setzt man diesen Werth in $\frac{du}{dz} = 0$, so findet man

$$\operatorname{Sin} z = \sqrt{2}$$

wozu kein Winkel gehört, so daß also der Werth für y^3 in 13 keinen Kegel liefern kann.

Nun wird aber auch

III. $\frac{du}{dz} = 0$; für

14) $\operatorname{Sin} z = 0$; also $z = 0$ und $\operatorname{Cos} z = 1$, d. h. für den Cylinder, und setzt man diesen Werth von z in $\frac{du}{dy} = 0$, so ergiebt sich

15) $y = a \cdot \sqrt[3]{\frac{4}{\pi}}$; und dann aus 2)

16) $x = \frac{a}{\sqrt[3]{2\pi}}$.

Für diese Werthe entsteht dann

$$\frac{d^2u}{dy^2} = +\frac{3\pi}{4};\ \frac{d^2u}{dz^2} = +\frac{16a^2}{3} \cdot \sqrt[3]{\frac{\pi}{4}}$$

$$\frac{d^2u}{dy\,dz} = 0;\ \text{also}$$

$$\frac{d^2u}{dy^2} \cdot \frac{d^2u}{dz^2} - \left[\frac{d^2u}{dy\,dz}\right]^2 = +4\pi a^2 \cdot \sqrt[3]{\frac{\pi}{4}}$$

so daß also der Cylinder für die Begränzung ein Min. giebt; welche Begränzung $= 3a^2 \cdot \sqrt[3]{2\pi}$ ist.

Endlich genügt auch noch

IV.

17) $2[3a^3 + \pi y^3 Cos z^3] \sqrt{\frac{12a^3 - \pi y^3 Sin z^2 Cos z}{3\pi y Cos z}} - y[\pi y^3 Cos z^3 - 6a^3]$
$= 0$

und zugleich, entweder:

18) $- 3 a^3 + \pi y^3 Sin z^2 Cos z = 0$; oder

19) $\sqrt{\frac{12 a^3 - \pi y^3 Sin z^2 Cos z}{3 \pi y Cos z}} - y = 0.$

Aus 17) und 18) folgt, wenn man den Werth für $\pi y Cos z$, nemlich $\frac{3a^3}{y^2 \, Sin z^2}$ aus 18) in 17) setzt:

$Sin z^2 + \frac{2}{3} Sin z - \frac{\lambda}{y} = 0$ wie in I.

Aus 17) und 19) aber entsteht, wenn man die Wurzelgröße eliminirt, sogleich $12 a^3 + \pi y^3 Cos z^3 = 0$, aus welcher Gleichung keine der Aufgabe genügende Werthe für y und z hervorgehen können.

§. 61.

Aufgabe.

In einem gegebenen Dreieck den Punkt zu finden, für welchen das Product der Normalen aus denselben auf die 3 Seiten ein Max. oder Min. wird.

Auflösung.

Die 3 Seiten sollen a, b, c, die Normalen darauf aus dem gesuchten Punkt, x, y, z und der Inhalt des Dreiecks soll F heißen, so hat man die Bedingungs-Gleichung

1) $ax + by + cz = 2F$ und hieraus

2) $z = \frac{2F - ax - by}{c}$.

Wird nun das Product der 3 Normalen durch u ausgedrückt, so ist

3) $u = \frac{2F}{c}xy - \frac{a}{c}x^2y - \frac{b}{c}xy^2$, und hieraus

4) $\frac{du}{dx} = \frac{2F}{c}y - \frac{2a}{c}xy - \frac{b}{c}y^2$

5) $\frac{du}{dy} = \frac{2F}{c}x - \frac{a}{c}x^2 - \frac{2b}{c}xy$.

Aus $\frac{du}{dx} = 0$ und $\frac{du}{dy} = 0$ ergiebt sich nun sogleich $x = \frac{2F}{3a}$; $y = \frac{2F}{3b}$ und dann auch $z = \frac{2F}{3c}$. Für $\frac{d^2u}{dx^2}$ erhält man dann $-\frac{4aF}{3bc}$; für $\frac{d^2u}{dy^2}$ entsteht $-\frac{4bF}{3ac}$; und für $\frac{d^2u}{dx^2} \cdot \frac{d^2u}{dx^2} - \left(\frac{d^2u}{dx\,dy}\right)^2$ ergiebt sich $+\frac{4F^2}{3c^2}$, so daß also ein Max. gefunden ist.

§. 62.

Aufgabe.

In einer gegebenen Ellipse das größte und kleinste Dreieck zu bestimmen.

Auflösung.

Es sei GH = a Fig. 23 die große Achse der Ellipse, M ihr Mittelpunkt, c bezeichne die kleine Achse; BDF sei das verlangte Dreieck; BA, DC, FE sollen Normalen auf GH sein; es sei ferner

MA = x; AB = y; MC = u; CD = z;
ME = v; EF = w; folglich

1) $y = \frac{c}{2a} \cdot \sqrt{a^2 - 4x^2}$; $z = \frac{c}{2a} \cdot \sqrt{a^2 - 4u^2}$;

$w = \frac{c}{2a} \sqrt{a^2 - 4v^2}$.

Man denke sich aus D eine Paralle mit GH, bis sie die Verlängerung von FE in K schneidet, dann auch BK gezogen, so ist

$\triangle BKF = \frac{KF.AE}{2}$;

$\triangle DKF = \frac{KF.EC}{2}$; und

$\triangle BKD = \frac{KD.(AB-CD)}{2}$; also die Summe, d. h.

$\triangle BDF = \frac{1}{2}[KF.AC + KD(AB - CD)]$ oder, wenn man die Werthe setzt

$$2)\ BDF = \frac{1}{2}[(w+z)(x+u) + (u-v)(y-z)]$$
$$= \frac{1}{2}[(u-v)y + (x+v)z + (x+u)w].$$

Setzt man nun aus 1) die Werthe für y, z, w und bezeichnet $\frac{4a}{c}$. BDF durch r, so hat man

$$3)\ r = (u-v)\sqrt{a^2-4x^2} + (x+v)\sqrt{a^2-4u^2} + (x+u)\sqrt{a^2-4v^2}$$

und hieraus

$$4)\ \frac{dr}{dx} = \sqrt{a^2-4u^2} + \sqrt{a^2-4v^2} - \frac{4x(u-v)}{\sqrt{a^2-4x^2}}$$

$$5)\ \frac{dr}{du} = \sqrt{a^2-4x^2} + \sqrt{a^2-4v^2} - \frac{4u(x+v)}{\sqrt{a^2-4u^2}}$$

$$6)\ \frac{dr}{dv} = \sqrt{a^2-4u^2} - \sqrt{a^2-4x^2} - \frac{4v(x+u)}{\sqrt{a^2-4v^2}}$$

und setzt man dann $\frac{dr}{dx} = 0$; $\frac{dr}{du} = 0$; $\frac{dr}{dv} = 0$, so entstehen, nach Wegschaffung der Nenner, die folgenden 3 Gleichungen:

$$7)\ \sqrt{a^2-4x^2}.\sqrt{a^2-4u^2} + \sqrt{a^2-4x^2}.\sqrt{a^2-4v^2} = 4x(u-v)$$

$$8)\ \sqrt{a^2-4x^2}.\sqrt{a^2-4u^2} + \sqrt{a^2-4u^2}.\sqrt{a^2-4v^2} = 4u(x+v)$$

$$9)\ \sqrt{a^2-4u^2}.\sqrt{a^2-4v^2} - \sqrt{a^2-4x^2}.\sqrt{a^2-4v^2} = 4v(x+u)$$

von welchen die 3te, nemlich 9) der Unterschied der beiden vorhergehenden ist, so daß man also zur Bestimmung der 3 Abscissen, x, u, v **nur** 2 **Gleichungen hat**; denkt man sich daher eine der Abscissen, etwa x, jetzt willkührlich gewählt, so hat man zur Bestimmung von u und v, dieser Wahl entsprechend, zwei Gleichungen; man wähle etwa die 7) und 8) bringe in jeder das Glied $\sqrt{a^2-4x^2}.\sqrt{a^2-4u^2}$ auf die andere Seite, und quadrire, so entsteht bald:

10) $2x(u-v)\sqrt{a^2-4x^2}.\sqrt{a^2-4u^2}=8x^2u(u-v)-a^2(u^2-v^2)$

11) $2u(x+v)\sqrt{a^2-4x^2}.\sqrt{a^2-4u^2}=8xu^2(x+v)-a^2(x^2-v^2)$.

Der Gleichung 10) geschieht Genüge,

12) für $u = v$; und

13) für $2x\sqrt{a^2-4x^2}.\sqrt{a^2-4u^2} = 8x^2u - a^2(u+v)$

der Gleichung 11) aber:

14) für $v = -x$ und auch, für

15) $2u\sqrt{a^2-4x^2}.\sqrt{a^2-4u^2} = 8xu^2 - a^2(x-v)$.

Hiernach entstehen 4 Zusammenstellungen, welche für ein beliebiges x ein Max. oder Min. liefern können, nemlich

I. $\begin{cases} u = v \text{ und} \\ v = -x; \end{cases}$

II. $\begin{cases} u = v \text{ und} \\ 2u\sqrt{a^2-4x^2}\sqrt{a^2-4u^2} = 8xu^2 - a^2(x-v). \end{cases}$

III. $\begin{cases} 2x\sqrt{a^2-4x^2}.\sqrt{a^2-4u^2} = 8x^2u - a^2(u+v); \text{ und} \\ v = -x \end{cases}$

IV. $\begin{cases} 2x\sqrt{a^2-4x^2}.\sqrt{a^2-4u^2} = 8x^2u - a^2(u+v) \text{ und} \\ 2u.\sqrt{a^2-4x^2}\sqrt{a^2-4u^2} = 8xu^2 - a^2(x-v). \end{cases}$

Es liefern aber die beiden Gleichungen in I wohl offenbar ein Min., aber kein Dreieck, sondern eine gerade Linie.

Die Gleichungen in 2 geben zur Bestimmung der gleichen Abscissen u und v eine höhere Gleichung, indessen läßt sich, ohne dieselbe aufzulösen, aus der Bedingung $u = v$ leicht entnehmen, daß es hier blos auf die Auflösung folgender Aufgabe ankommt. Es ist (Fig. 24) **der Punkt B durch die Abscisse MA = x gegeben, man soll die Abscisse MN = u der Bedingung gemäß bestimmen, daß das Dreieck BDN** (DN normal durch a gedacht) **ein Max. oder Min. werde.** Man erhält sogleich:

$\triangle BDN = p = \varphi u = (x + u) \cdot \frac{c}{2a} \sqrt{a^2 - 4u^2}$ und aus $\frac{dp}{du} = 0$ folgt:

$$u = \frac{-x \pm \sqrt{2a^2 + x^2}}{4}.$$

Da nun, für diese Werthe von u

$\frac{d^2p}{du^2} = -4 \cdot \frac{x + 4u}{\sqrt{a^2 - 4u^2}}$ wird, so hat man ein Max. für $u = \frac{-x + \sqrt{2a^2 + x^2}}{4}$ ein Min. aber, für $u = \frac{-x - \sqrt{2a^2 + x^2}}{4}$.

Eine ganz ähnliche Betrachtung führt bei den Gleichungen III. zum Ziel, wo sich, für $v = -x$, die 3te Ecke des Dreiecks in H oder auch in G ergiebt, BQ aber die dieser Ecke gegenüberliegende Seite ist; so daß also $\triangle$ BQH das relative Max.; BQG aber das relative Min. ist.

Die Gleichungen in IV. endlich führen zu Auffindung des absoluten Größten und Kleinsten. Betrachtet man nemlich vorläufig x noch immer als willkührlich gewählt, und dividirt die eine durch die andere, so entsteht

16) $\frac{x}{u} = \frac{8x^2u - a^2(u + v)}{8xu^2 - a^2(x - v)}$ und hieraus

17) $v(x + u) = (x + u)(x - u)$.

Dieser Gleichung 17) geschieht aber Genüge sowohl für $x + u = 0$; als auch für $v = x - u$.

Nun giebt aber $x + u = 0$ ganz dieselbe Untersuchung wie für die Gleichungen III., so daß also bloß die Bedingung

18) $v = x - u$ zu berücksichtigen bleibt.

Setzt man den Werth für v aus 18) in eine der Gleichungen IV. etwa in die erste, so kommt

$$2\sqrt{a^2 - 4x^2} \cdot \sqrt{a^2 - 4u^2} = 8xu - a^2$$

und hieraus

19) $u^2 - xu + x^2 - \frac{3a^2}{16} = 0$

also

20) $u = \frac{2x \pm \sqrt{3a^2 - 12x^2}}{4}$; und dann aus 18)

21) $v = \frac{2x \mp \sqrt{3a^2 - 12x^2}}{4}$.

Hiezu ergeben sich aus 1) die Ordinaten, nemlich zu u;

22) $z = \frac{c}{2a}\sqrt{a^2 - \frac{[2x \pm \sqrt{3a^2 - 12x^2}]^2}{4}}$; oder

$= \frac{c}{4a} \cdot [\sqrt{a^2 - 4x^2} \mp x\sqrt{12}]$ und zu v;

23) $w = \frac{c}{2a}\sqrt{a^2 - \frac{[2x \mp \sqrt{3a^2 - 12x^2}]^2}{4}}$; oder

$= \frac{c}{4a}[\sqrt{a^2 - 4x^2} \pm x\sqrt{12}]$.

Werden diese Werthe für u, v, y, z, w in 2) gesetzt, so erhält man, nach einiger Reduction:

24) $\triangle BDF = P = \frac{c}{8a}[6x\sqrt{a^2 - 4x^2} \pm [a^2 - 4x^2]\sqrt{3}]$.

Es fragt sich nun nur noch, für welchen Werth von x der Ausdruck 24) ein Max. oder Min. wird.

Man erhält sowohl fürs obere als fürs untere Zeichen, für x die beiden Werthe $\frac{a}{4}\sqrt{3}$ und $\frac{a}{4}$; und zwar jedesmahl ein Max. Ersteres ist in Fig. 25; letzteres in Fig. 26 dargestellt. Ersteres, worinnen BD $\#$ a hat den Inhalt $\frac{3ac\sqrt{3}}{16}$; letzteres, worinnen BF $\#$ c hat denselben Inhalt.

§. 63.

Aufgabe.

Diejenigen Werthe für x und y zu finden, welche das Product x . y zu einem Max. oder Min. machen, wenn zugleich die Bedingungsgleichung $x^3 + y^3 = axy$ bestehen soll.

Auflösung.

Man setze 1) $x^3 + y^3 - axy = P$;

2) $x . y = u$; dann, nach §. 14.

3) $u = x . y + \alpha P$, so folgt

4) $\frac{du}{dx} = y + \alpha(3x^2 - ay)$ und

5) $\frac{du}{dy} = x + \alpha(3y^2 - ax)$.

Eliminirt man nun α aus 4) und 5) so entsteht

6) $\frac{y}{x} = \frac{3x^2 - ay}{3y^2 - ax}$; woraus

7) $x = y$ folgt. Wird nun x für y in 1) geschrieben, so erhält man

8) $2x^3 = ax^2$; also

9) $x = y = \frac{a}{2}$.

Zur Beurtheilung, ob ein Max. oder Min. gefunden ist, betrachte man in $u = x \cdot y$, etwa x als die Urvariable, y aber als die, aus $P = o$ durch x ausgedrückte, abhängig veränderliche, so hat man, aus $u = x \cdot y$;

10) $\frac{du}{dx} = x\frac{dy}{dx} + y$

11) $\frac{d^2u}{dz^2} = x \cdot \frac{d^2y}{dx^2} + 2 \cdot \frac{dy}{dx}$.

Es ist aber, aus $P = o$;

$3x^2dx + 3y^2dy = aydx + axdy$ und hieraus

12) $\frac{dy}{dx} = \frac{ay - 3x^2}{3y^2 - ax}$; ferner

13) $$\frac{d^2y}{dx^2} = \frac{(3y^2 - ax)\left(a\frac{dy}{dx} - 6x\right) - (ay - 3x^2)\left(6y\frac{dy}{dx} - a\right)}{(3y^2 - ax)^2}$$

oder, den Werth für $\frac{dy}{dx}$ aus 12) gesetzt:

14) $$\frac{d^2y}{dx^2} = -2xy \cdot \frac{a^3 + 27(x^3 + y^3 - axy)}{(3y^2 - ax)^3}$$

$$= -\frac{2a^3xy}{(3y^2 - ax)^3};$$

also für $x = y = \frac{a}{2}$;

$\frac{dy}{dx} = -1$; $\frac{d^2y}{dx^2} = -\frac{32}{a}$; folglich aus 11)

15) $\frac{d^2u}{dx^2} = -18$; und daher

x y ein Max., wenn $x = y = \frac{a}{2}$ ist, und $x^3 + y^3 = axy$ sein soll.

§. 64.

Aufgabe.

Für welche Werthe von x und y wird u ein Max. oder Min., wenn blos

$$a(x^3 + y^3 + u^3) = x^2yu + y^2xu + u^2xy$$

gegeben ist, und nur positive Resultate verlangt werden.

Auflösung.

Man setze

1) $P = a[x^3 + y^3 + u^3] - x^2yu - y^2xu - u^2xy = o$,

so sind nach §. 12 die Bedingungen des Größten und Kleinsten:

2) $\frac{dP}{du} \cdot \frac{du}{dx} + \frac{dP}{dx} = o$ und

3) $\frac{dP}{du} \cdot \frac{du}{dy} + \frac{dP}{dy} = o$.

Aus ihnen erhält man, wenn man die Werthe für $\frac{dP}{du}, \frac{dP}{dx}, \frac{dP}{dy}$ substituirt

4) $\frac{du}{dx} = \frac{2xyu + y^2u + u^2y - 3ax^2}{3au^2 - x^2y - xy^2 - 2xyu}$

5) $\frac{du}{dy} = \frac{2xyu + xu^2 + x^2u - 3ay^2}{3au^2 - x^2y - xy^2 - 2xyu}$.

Setzt man dann $\frac{du}{dx} = o$ und auch $\frac{du}{dy} = o$, so hat man folgenden 3 Gleichungen zu genügen

6) $2xyu + y^2u + u^2y = 3ax^2$

7) $2xyu + xu^2 + x^2u = 3ay^2$

8) $a(x^3 + y^3 + u^3) = x^2yu + y^2xu + u^2xy$.

Die

Die Differenz der beiden ersten, giebt

9) $(y - x)\,[u^2 + (3a + u)(y + x)] = 0$

und diese Bedingung wird erfüllt, für

10) $x = y$.

Wird nun in 7) und 8) x für y geschrieben, so folgt:

11) $3xu + u^2 = 3ax$

12) $2x^3\,(a - u) = u^2\,(x^2 - au)$.

Aus 11) $3x(a - u)$ für u^2 in 12) geschrieben, so hat man

13) $2x^2 = 3\,(x^2 - au)$; oder

14) $x^2 = 3au$, und wird dann $\frac{x^2}{3a}$ für u in 11) gesetzt, so entsteht

15) $x^3 + 9ax^2 - 27a^3 = 0$; oder

$x = z \cdot a$ gesetzt

16) $z^3 + 9z^2 - 27 = 0$.

Der einzige positive Werth für z, welcher dieser Gleichung ziemlich genau entspricht, ist $= 1{,}6$ und man hat also

$x = y = 1{,}6 \cdot a$ und aus 14)

$u = 0{,}85 \cdot a$.

Aus 4) und 5) ergiebt sich nun für diese gefundenen Werthe

$\frac{d^2u}{dx^2} = \frac{d^2u}{dy^2} = \frac{2(9 - z^2)}{az^2(6 + z)}$ = positiv

$\frac{d^2u}{dx\,dy} = -\frac{12 + z}{3a(6 + z)}$; also

$\frac{d^2u}{dx^2} \cdot \frac{d^2u}{dy^2} - \left[\frac{d^2u}{dx\,dy}\right]^2 =$

$\frac{54 + 6z^2 + z^3}{9a^2 \cdot z^4(6 + z)^2}\,[54 - 18z^2 - z^3]$

$$= \frac{54 + 6z^2 + z^3}{9a^2 z^4 (6+z)^2} [54 - 9z^2 - 27]$$

$$= \frac{54 + 6z^2 + z^3}{a^2 z^4 (6+z)^2} \cdot [3 - z^2] = \text{positiv},$$ und man hat daher für u ein Min. gefunden.

§. 65.

Aufgabe.

Man soll bestimmen, ob für irgend welche Werthe von x und y die Function $u = x^2 + y^2 - 6xy + 32y$; ein Max. oder Min. werden kann.

Auflösung.

Aus $u = x^2 + y^2 - 6xy + 32y$ folgt:

$$\frac{du}{dx} = 2x - 6y \text{ und}$$

$$\frac{du}{dy} = 2y - 6x + 32.$$

Wird nun sowohl $\frac{du}{dx}$, als $\frac{du}{dy}$ gleich Null gesetzt, so erhält man aus beiden Gleichungen, $x = 6$; $y = 2$; und für diese Werthe

$$\frac{d^2u}{dx^2} = +2$$

$$\frac{d^2u}{dy^2} = +2$$

$$\frac{d^2u}{dx^2} \cdot \frac{d^2u}{dy^2} - \left(\frac{d^2u}{dx.dy}\right)^2 = -32,$$ und es findet daher weder ein Max. noch ein Min. statt.

Anm. Der Fall §. 60. I. lieferte wie der hier, auch ein Beispiel, wo, wenn man die 3te (von Euler übergangene) Bedingung unberücksichtigt läßt, ein Max oder Min. statt zu finden scheint.

§. 66.

Aufgabe.

Die Werthe für die Bogen x, y im ersten Quadranten gedacht, zu finden, für welche $4 \operatorname{Sin} x = 3 \operatorname{Cos} y$ und $5x + 3y$ ein Max. oder Min. wird.

Auflösung.

Aus $4 \operatorname{Sin} x = 3 \operatorname{Cos} y$ folgt

1) $\frac{dy}{dx} = -\frac{4 \operatorname{Cos} x}{3 \operatorname{Sin} y}$ und hieraus

$$\frac{d^2 y}{dx^2} = \frac{4}{3} \cdot \frac{\operatorname{Sin} x \operatorname{Sin} y + \operatorname{Cos} x \operatorname{Cos} y \cdot \frac{dy}{dx}}{\operatorname{Sin} y^2};$$ oder den Werth für $\frac{dy}{dx}$ aus 1) substituirt,

2) $\frac{d^2 y}{dx^2} = \frac{4}{9} \cdot \frac{5 \operatorname{Sin} x \operatorname{Sin} y^2 - 4 \operatorname{Cos} x^2 \operatorname{Cos} y}{\operatorname{Sin} y^3}$.

Aus $u = 5x + 3y$ hat man, x als die unveränderliche behandelt:

3) $\frac{du}{dx} = 5 + 3 \cdot \frac{dy}{dx}$ und

4) $\frac{d^2 u}{dx^2} = 3 \cdot \frac{d^2 y}{dx^2}$.

Werden die Werthe aus 1) und 2) in 3) und 4) gesetzt, so entsteht:

5) $\frac{du}{dx} = 5 - \frac{4 \operatorname{Cos} x}{\operatorname{Sin} y}$

6) $\frac{d^2 u}{dx^2} = \frac{4}{3} \cdot \frac{5 \operatorname{Sin} x \operatorname{Sin} y^2 - 4 \operatorname{Cos} x^2 \operatorname{Cos} y}{\operatorname{Sin} y^3}$.

Es folgt aber, aus $\frac{du}{dx} = 0$;

7) $5 \operatorname{Sin} y = 4 \operatorname{Cos} x$ und hiemit $3 \operatorname{Cos} y = 4 \operatorname{Sin} x$, als Bedingungsgleichung verbunden, so hat man sogleich

8) $\operatorname{Sin} y = \frac{\sqrt{7}}{4}$; $\operatorname{Cos} x = \frac{5\sqrt{7}}{16}$; also auch

$\operatorname{Cos} y = \frac{3}{4}$; $\operatorname{Sin} x = \frac{9}{16}$.

Setzt man diese Werthe in 6) so kommt

9) $\frac{d^2 u}{d x^2} = -\frac{16}{\sqrt{7}}$, und es liefern also die Werthe in 8) ein Max. für u, dessen Größe

$= 5 \operatorname{Arc} \operatorname{Sin} \frac{9}{16} + 3 \operatorname{Arc} \operatorname{Cos} \frac{3}{4} = 5{,}155 \ldots$ ist.

§. 67.

Aufgabe.

Die Werthe für x, y, z zu finden, welche

$$u = xy + yz + 8x - x^2 - y^2 - z^2$$

zu einem Max. oder Min. machen.

Auflösung.

Es folgt

$$\frac{du}{dx} = y + 8 - 2x$$

$$\frac{du}{dy} = x + z - 2y$$

$$\frac{du}{dz} = y - 2z$$

und wird jede dieser 3 ersten Ableitungen $= 0$ gesetzt, so folgt $x = 6$; $y = 4$; $z = 2$; und $u = 24$.

Da nun, für die gefundenen Werthe von x, y, z

$$\frac{d^2 u}{dx^2} = -2;$$

$$\frac{d^2 u}{dy^2} = -2;$$

$$\frac{d^2 u}{dz^2} = -2;$$

$$\frac{d^2 u}{dx^2} \cdot \frac{d^2 u}{dy^2} - \left(\frac{d^2 u}{dx\,dy}\right)^2 = +3;$$

$$\frac{d^2u}{dx^2} \cdot \frac{d^2u}{dz^2} - \left(\frac{d^2u}{dx \cdot dz}\right)^2 = +4;$$

$$\frac{d^2u}{dy^2} \cdot \frac{d^2u}{dz^2} - \left(\frac{d^2u}{dy\ dz}\right)^2 = +3;$$

$$\frac{d^2u}{dx^2} \cdot \frac{d^2u}{dy^2} \cdot \frac{d^2u}{dz^2} + 2 \cdot \frac{d^2u}{dx\,dy} \cdot \frac{d^2u}{dx\,dz} \cdot \frac{d^2u}{dy\,dz}$$

$$- \frac{d^2u}{dx^2} \cdot \left(\frac{d^2u}{dy\ dz}\right)^2 - \frac{d^2u}{dy^2} \cdot \left(\frac{d^2u}{dx\ dz}\right)^2 - \frac{d^2u}{dz^2}\left(\frac{d^2u}{dx\,dy}\right)^2 = -4,$$

so ist nach §. 9 II., $u = 24$ ein Max.

§. 68.

Aufgabe.

In einer gegebenen Kugel das größte rechtwinklichte Parallelepipedum anzugeben.

Auflösung.

Der Halbmesser der Kugel sei $= r$; die 3 Abmessungen des Parallelepipedums $2x$, $2y$, $2z$; so hat man die Bedingungs-Gleichung

1) $x^2 + y^2 + z^2 = r^2$, und

2) $8\,x\,y\,z$ soll ein Max. werden.

Man setze

$u = x^2\,y^2\,z^2$; oder, den Werth für z^2 aus 1) substituirt:

3) $u = r^2\,x^2\,y^2 - x^4\,y^2 - x^2\,y^4$.

Hieraus folgt

4) $\frac{du}{dx} = 2\,r^2\,x\,y^2 - 4\,x^3\,y^2 - 2\,x\,y^4$

5) $\frac{du}{dy} = 2\,r^2\,x^2\,y - 2\,x^4\,y - 4\,x^2\,y^3$

und setzt man diese Ausdrücke gleich Null, so folgt

6) $r^2 = 2\,x^2 + y^2$

7) $r^2 = x^2 + 2\,y^2$

und hieraus

8) $x = y = r \cdot \sqrt{\tfrac{1}{3}}$; dann auch $z = r \sqrt{\tfrac{1}{3}}$.

Aus 4) und 5) folgt dann noch, für die Werthe in 8)

9) $\frac{d^2 u}{d x^2} = - \frac{8}{9} r^4$

10) $\frac{d^2 u}{d y^2} = - \frac{8}{9} r^4$

11) $\frac{d^2 u}{d x^2} \cdot \frac{d^2 u}{d y^2} - \left(\frac{d^2 u}{d x d y}\right)^2 = + \frac{16}{27} r^8$, so daß also ein Max. gefunden ist.

§. 69.

Aufgabe.

Man soll die 5 positiven Zahlen a, b, c, d, e folgenden Bedingungen gemäß bestimmen; es soll 1) die Summe ihrer Cubi ein Min. werden; 2tens soll die Summe derselben = 388 werden; 3tens soll sich $a : b = 3 : 8$; 4tens $c : d = 7 : 15$ verhalten.

Auflösung.

Man setze der 3ten Bedingung entsprechend $a = 3x$; $b = 8x$; der 4ten gemäß $c = 7y$; $d = 15y$; dann noch $e = z$; so hat man

1) $11 x + 22 y + z = 388.$ und

2) $u = 539 \cdot x^3 + 3718 y^3 + z^3 = \text{Min.}$

Wird dann

3) $u = 539 x^3 + 3718 y^3 + z^3 + \alpha (11 x + 22 y + z - 388)$ gesetzt, so folgt:

4) $\frac{d u}{d x} = 3 \cdot 539 x^2 + 11 \cdot \alpha = 0;$

5) $\frac{d u}{d y} = 3 \cdot 3718 \cdot y^2 + 22 \cdot \alpha = 0;$

6) $\frac{du}{dz} = 3z^2 + \alpha = 0;$

Der Quotient von 4) und 6) liefert

7) $z = 7x$; der von 5) und 6) aber

8) $z = 13y$, und aus diesen beiden Gleichungen, verbunden mit 1) erhält man

9) $x = 13;\ y = 7;\ z = 91;$ also

10) $a = 39;\ b = 104;\ c = 49;\ d = 105;\ e = 91.$

Zur Beurtheilung ob diese Werthe auch ein Min. liefern, hat man aus 1)

$$\frac{dz}{dx} = -11;\ \frac{dz}{dy} = -22;$$

und wenn man diese Werthe substituirt, aus 2)

$$\frac{du}{dx} = 3 \cdot 539 \cdot x^2 - 3 \cdot 11 \cdot z^2$$

$$\frac{du}{dy} = 3 \cdot 3718 \cdot y^2 - 6 \cdot 11 \cdot z^2;$$ also

$$\frac{d^2u}{dx^2} = 6 \cdot 539 \cdot x + 6 \cdot 11^2 \cdot z$$

$$\frac{d^2u}{dy^2} = 6 \cdot 3718 \cdot y + 2^2 \cdot 6 \cdot 11^2 \cdot z$$

$$\frac{d^2u}{dx\,dy} = +2 \cdot 6 \cdot 11^2 \cdot z,$$ daher für die gefundenen Zahlenwerthe

$$\frac{d^2u}{dx^2} = 2^2 \cdot 3^3 \cdot 7 \cdot 11 \cdot 13$$

$$\frac{d^2u}{dy^2} = 2^2 \cdot 3 \cdot 5 \cdot 7^2 \cdot 11 \cdot 13$$ und

$$\frac{d^2u}{dx^2} \cdot \frac{d^2u}{dy^2} - \left[\frac{d^2u}{dx\,dy}\right]^2 = 2^5 \cdot 3^2 \cdot 7^3 \cdot 11^2 \cdot 13^2 \cdot 97,$$

so daß also ein Min. gefunden ist.

§. 70.

Aufgabe.

Es sind 3 Puncte A, B, C Fig. 27 gegeben; man soll den in derselben Ebene liegenden Punct M der Bedingung gemäß bestimmen, daß die Summe der 3 Linien aus ihm nach den gegebenen Puncten A, B, C, also $MA + MB + MC$ ein Min. werde.

Auflösung.

Es sei $AB = a$; $AC = b$; $BC = c$; $MB = x$; $MA = y$; $MC = z$; man fälle auf CB die Normalen MD, AE, und auf AE die MF; setze $CE = e$; $AE = h$; ferner $CD = u$, $DM = w$, und betrachte u und w als die unabhängigen Urvariablen; bezeichne außerdem noch $\angle CMD$ durch φ; MBD durch ϱ; und MAE durch μ; so hat man

1) $z^2 = u^2 + w^2$

2) $x^2 = w^2 + (c - u)^2$

3) $y^2 = (e - u)^2 + (h - w)^2$

und hieraus

4) $\frac{dz}{du} = \frac{u}{z}$; $\frac{dz}{dw} = \frac{w}{z}$;

$\frac{dx}{du} = -\frac{c-u}{x}$; $\frac{dx}{dw} = \frac{w}{x}$;

$\frac{dy}{du} = -\frac{e-u}{y}$; $\frac{dy}{dw} = -\frac{h-w}{y}$.

Wird $x + y + z$ durch P ausgedrückt, so folgt

5) $\frac{dP}{du} = -\frac{c-u}{x} - \frac{e-u}{y} + \frac{u}{z}$

$= -\operatorname{Sin}\varrho - \operatorname{Sin}\mu + \operatorname{Sin}\varphi$

6) $\frac{dP}{dw} = \frac{w}{x} - \frac{h-w}{y} + \frac{w}{z}$

$= \operatorname{Cos}\varrho - \operatorname{Cos}\mu + \operatorname{Cos}\varphi$

und setzt man nun $\frac{dP}{du} = 0$ und auch $\frac{dP}{dw} = 0$; so erhält man

$$\text{Sin}\,\varphi - \text{Sin}\,\varrho = \text{Sin}\,\mu \text{ und}$$
$$\text{Cos}\,\varphi + \text{Cos}\,\varrho = \text{Cos}\,\mu.$$

Quadrirt man beide Gleichungen und addirt, so entsteht

$$1 - 2\,\text{Sin}\,\varphi\,\text{Sin}\,\varrho + 2\,\text{Cos}\,\varphi\,\text{Cos}\,\varrho = 0$$

und hieraus

$$\text{Cos}\,(\varphi + \varrho) = -\tfrac{1}{2};\ \text{also}$$

7) $\varphi + \varrho = \frac{2}{3}\pi$ oder 120 Grad.

Aus 4) 5) 6) entsteht nun auch:

8) $\frac{d^2P}{du^2} = \frac{\text{Cos}\,\varrho^2}{x} + \frac{\text{Cos}\,\mu^2}{y} + \frac{\text{Cos}\,\varphi^2}{z}$

9) $\frac{d^2P}{dw^2} = \frac{\text{Sin}\,\varrho^2}{x} + \frac{\text{Sin}\,\mu^2}{y} + \frac{\text{Sin}\,\varphi^2}{z}$

10) $\frac{d^2P}{du^2} \cdot \frac{d^2P}{dw^2} - \left(\frac{d^2P}{du\,dw}\right)^2 =$

$$\frac{\text{Sin}\,(\varrho + u)^2}{xy} + \frac{\text{Sin}\,(\varrho + \varphi)^2}{xz} + \frac{\text{Sin}\,(\varphi - \mu)^2}{yz}$$

und die Summe $P = x + y + z$ ist demnach ein Min. für $\angle$ AMB = CMB = AMC = 120°.

§. 71.

1ter Zusatz.

Soll nun auch die Größe des Min. bestimmt werden, so hat man, weil $\text{Cos}\,120^\circ = -\text{Cos}\,60^\circ = -\frac{1}{2}$; und $\text{Sin}\,120^\circ = \frac{\sqrt{3}}{2}$ ist, den Inhalt des Dreiecks ABC durch Q ausgedrückt, die 4 Gleichungen:

1) $a^2 = x^2 + y^2 + xy$

2) $b^2 = y^2 + z^2 + yz$

3) $c^2 = x^2 + z^2 + xz$

4) $xy + yz + xz = \frac{2Q}{\sin 60^\circ}$.

Multiplicirt man die 4te mit der Zahl 3 und addirt dann alle 4 Gleichungen, so ergiebt sich sogleich

5) $P = \sqrt{\frac{a^2 + b^2 + c^2}{2} + \frac{6Q}{\sin 60}}$.

Zu Vereinfachung dieses Resultats schreibe man, wenn α den Winkel CAB bezeichnet,

$a^2 + b^2 - 2ab \cos \alpha$ für c^2 und

$\frac{1}{2} ab \sin \alpha$ für Q, so entsteht

6) $P = \sqrt{a^2 + b^2 - 2ab \cos(60 + \alpha)}$.

§. 72.

2ter Zusatz.

Zu Bestimmung der Größe der einzelnen Linien hat man

1) $x + y + z = P$

2) $xy + yz + xz = \frac{2Q}{\sin 60}$

3) $x^2 + y^2 + xy = a^2$.

Aus 1) ist $x^2 + 2xy + y^2 = P^2 - 2Pz + z^2$ hievon 3) subtrahirt, giebt

$$xy = P^2 - a^2 - 2Pz + z^2.$$

Aus 2) ist

$$xy = \frac{2Q}{\sin 60} - z(x + y)$$

$$= \frac{2Q}{\sin 60} - z(P - z);$$

und die Gleichsetzung der Werthe für xy liefert

4) $z = \frac{P^2 - a^2 - \frac{2Q}{\sin 60^\circ}}{P}$.

Eben so ergiebt sich, wenn man statt der Gleichung 3) die 2) in §. 71 benutzt

$$5)\ x = \frac{P^2 - b^2 - \frac{2Q}{\mathrm{Sin}\,60}}{P}$$

und, wenn man 3) §. 71 in Anwendung bringt

$$6)\ y = \frac{P^2 - c^2 - \frac{2Q}{\mathrm{Sin}\,60}}{P}$$

oder, für P und Q im Zähler die Werthe gesetzt

$$7)\ z = \frac{b}{P} \cdot \left[b - a\,\frac{\mathrm{Sin}\,(60 - \alpha)}{\mathrm{Sin}\,60}\right]$$

oder auch ∠ ABC durch β

∠ ACB durch γ bezeichnet

$$8)\ z = \frac{c}{P}\left[c - a\,\frac{\mathrm{Sin}\,(60 - \beta)}{\mathrm{Sin}\,60}\right]$$

$$9)\ x = \frac{a}{P}\left[a - b\,\frac{\mathrm{Sin}\,(60 - \alpha)}{\mathrm{Sin}\,60}\right]$$

$$= \frac{c}{P}\left[c - b\,\frac{\mathrm{Sin}\,(60 - \gamma)}{\mathrm{Sin}\,60}\right]$$

$$10)\ y = \frac{a}{P}\left[a - c\,\frac{\mathrm{Sin}\,(60 - \beta)}{\mathrm{Sin}\,60}\right]$$

$$= \frac{b}{P}\left[b - c \cdot \frac{\mathrm{Sin}\,(60 - \gamma)}{\mathrm{Sin}\,60}\right].$$

Bequemer zur Berechnung sind folgende sich leicht ergebende Ausdrücke

$$x = \frac{a\,c\,\mathrm{Sin}\,(60 + \beta)}{P\,\mathrm{Sin}\,60},$$

$$y = \frac{a\,b\,\mathrm{Sin}\,(60 + \alpha)}{P\,\mathrm{Sin}\,60}$$

$$z = \frac{b\,c\,\mathrm{Sin}\,(60 + \gamma)}{P\,\mathrm{Sin}\,60}.$$

§. 73.

3ter Zusatz.

Es ergiebt sich leicht aus den gefundenen Formeln, folgende einfache Construction des Punktes M.

Man verzeichne außerhalb des gegebenen Dreiecks ABC, über jeder Seite desselben, ein gleichseitiges Dreieck, und verbinde jede neue Ecke der gleichseitigen Dreiecke mit der gegenüberliegenden Ecke des gegebenen Dreiecks, so schneiden sich diese 3 Linien in den verlangten Punkt M, und jede dieser 3 Linien ist der Größe des Min. gleich.

§. 74.

Aufgabe.

In einem gegebenen Viereck den Punkt zu finden, für welchen die Summe der vier geraden Linien von diesem Punkt nach den vier Ecken des Vierecks ein Min. wird.

Auflösung.

Es sei ABCD das gegebene Viereck; M (Fig. 28) der verlangte Punkt; man fälle die Normalen, DE, MG, CF auf AB; setze $AE = b$; $ED = e$; $AF = c$; $FC = h$; $AB = a$. Die Coordinaten $AG = x$ und $GM = y$ des zu bestimmenden Punctes M betrachte man als die unabhängigen Urvariablen, bezeichne dann noch AM mit z, BM mit w; CM mit v; DM mit u; setze ferner $\angle\ AMG = \varphi$; $\angle\ BMG = \varrho$; $\angle\ DMA = \alpha$; $DMC = \delta$; $CMB = \beta$; $\angle\ MDE = \lambda$; $\angle\ MCF = \mu$; und die Summe der vier Linien z, w, v, u gleich P; so hat man

1) $z^2 = x^2 + y^2$;

2) $w^2 = (a - x)^2 + y^2$;

3) $v^2 = (c - x)^2 + (h - y)^2$

4) $u^2 = (x - b)^2 + (e - y)^2$

und aus diesen Gleichungen folgt:

5) $\frac{dz}{dx} = \frac{x}{z} = \text{Sin}\ \varphi$;

$\frac{dz}{dy} = \frac{y}{z} = \text{Cos}\ \varphi$;

6) $\frac{dw}{dx} = - \frac{a-x}{w} = - \text{Sin}\ \varrho$;

$\frac{dw}{dy} = \frac{y}{w} = \text{Cos}\ \varrho$;

7) $\frac{dv}{dx} = - \frac{c-x}{v} = - \text{Sin}\ \mu$;

$\frac{dv}{dy} = - \frac{h-y}{v} = - \text{Cos}\ \mu$;

8) $\frac{du}{dx} = \frac{x-b}{u} = \text{Sin}\ \lambda$;

$\frac{du}{dy} = - \frac{e-y}{u} = - \text{Cos}\ \lambda$;

Werden diese Werthe in

9) $\frac{dP}{dx} = \frac{dz}{dx} + \frac{dw}{dx} + \frac{dv}{dx} + \frac{du}{dx} = 0$ und

10) $\frac{dP}{dy} = \frac{dz}{dy} + \frac{dw}{dy} + \frac{dv}{dy} + \frac{du}{dy} = 0$ gesetzt, so entsteht

11) $\text{Sin}\ \varphi - \text{Sin}\ \varrho - \text{Sin}\ \mu + \text{Sin}\ \lambda = 0$ und

12) $\text{Cos}\ \varphi + \text{Cos}\ \varrho - \text{Cos}\ \mu - \text{Cos}\ \lambda = 0$

und hieraus

13) $\text{Sin}\varphi^2 - 2\text{Sin}\varphi\text{Sin}\varrho + \text{Sin}\varrho^2 = \text{Sin}\mu^2 - 2\text{Sin}\mu\text{Sin}\lambda + \text{Sin}\lambda^2$

14) $\text{Cos}\ \varphi^2 + 2\text{Cos}\varphi\ \text{Cos}\varrho + \text{Cos}\varrho^2 = \text{Cos}\mu^2 + 2\text{Cos}\mu\ \text{Cos}\lambda + \text{Cos}\lambda^2$.

Die Summe von 13) und 14) giebt

15) $\text{Cos}\,(\varphi + \varrho) = \text{Cos}\,(\mu + \lambda)$; woraus

16) $\varphi + \varrho = \mu + \lambda$ folgt.

Es ist aber

17) $\delta = \mu + \lambda$; demnach

18) $\varphi + \varrho = \delta$, und auf demselben Weg, AD, oder BC als Abscissen-Linie gewählt, wird entstehen

19) $\alpha = \beta$.

Es ist demnach der Durchschnittspunkt der Diagonalen des Vierecks, der verlangte Ort.

Ob nun gleich schon aus der Natur des Gegenstandes erhellet, daß ein Min. gefunden ist, so ist es doch zur Uebung dienlich, sich auch theoretisch hiervon zu überzeugen. Zu dem Ende hat man

$$\frac{d^2 z}{d x^2} = \frac{z - x . \frac{x}{z}}{z^2} = \frac{y^2}{z^3} = \frac{\text{Cos}\,\varphi^2}{z}$$

und eben so

$$\frac{d^2 z}{d y^2} = \frac{\text{Sin}\,\varphi^2}{z}; \quad \frac{d^2 w}{d x^2} = \frac{\text{Cos}\,\varrho^2}{w}; \quad \frac{d^2 w}{d y^2} = \frac{\text{Sin}\,\gamma^2}{w};$$

$$\frac{d^2 v}{d x^2} = \frac{\text{Cos}\,\mu^2}{v}; \quad \frac{d^2 v}{d y^2} = \frac{\text{Sin}\,\mu^2}{v}; \quad \frac{d^2 u}{d x^2} = \frac{\text{Cos}\,\lambda^2}{u};$$

$$\frac{d^2 u}{d y^2} = \frac{\text{Sin}\,\lambda^2}{u}; \quad \frac{d^2 z}{d x d y} = - \frac{\text{Sin}\,\varphi\, \text{Cos}\,\varphi}{z};$$

$$\frac{d^2 w}{d x\, d y} = + \frac{\text{Sin}\,\varrho\, \text{Cos}\,\varrho}{w}; \quad \frac{d^2 v}{d x d y} = - \frac{\text{Sin}\,\mu\, \text{Cos}\,\mu}{v};$$

$$\frac{d^2 u}{d x . d y} = + \frac{\text{Sin}\,\lambda\, \text{Cos}\,\lambda}{u};$$ und setzt man diese Werthe in

$$\frac{d^2 p}{d x^2} = \frac{d^2 z}{d x^2} + \frac{d^2 w}{d x^2} + \frac{d^2 v}{d x^2} + \frac{d^2 u}{d x^2};$$

$$\frac{d^2 p}{d y^2} = \frac{d^2 z}{d y^2} + \frac{d^2 w}{d y^2} + \frac{d^2 v}{d y^2} + \frac{d^2 u}{d y^2};$$

$$\frac{d^2 P}{dx\,dy} = \frac{d^2 z}{dx\,dy} + \frac{d^2 w}{dx\,dy} + \frac{d^2 v}{dx\,dy} + \frac{d^2 u}{dx\,dy};$$ so erhält man

$$\frac{d^2 P}{dx^2} = \frac{\mathrm{Cos}\,\varphi^2}{z} + \frac{\mathrm{Cos}\,\varrho^2}{w} + \frac{\mathrm{Cos}\,\mu^2}{v} + \frac{\mathrm{Cos}\,\lambda^2}{u};$$

$$\frac{d^2 P}{dy^2} = \frac{\mathrm{Sin}\,\varphi^2}{z} + \frac{\mathrm{Sin}\,\varrho^2}{w} + \frac{\mathrm{Sin}\,\mu^2}{v} + \frac{\mathrm{Sin}\,\lambda^2}{u};$$ und

$$\frac{d^2 P}{dx^2} \cdot \frac{d^2 P}{dy^2} - \left[\frac{d^2 P}{dx\,dy}\right]^2 = \frac{\mathrm{Sin}\,(\varphi + \varrho)^2}{zw} + \frac{\mathrm{Sin}\,(\varphi - \mu)^2}{zv} + \frac{\mathrm{Sin}\,(\varphi + \lambda)^2}{zu} + \frac{\mathrm{Sin}\,(\varrho + \mu)^2}{vw} + \frac{\mathrm{Sin}\,(\varrho - \lambda)^2}{wu} + \frac{\mathrm{Sin}\,(\mu + \lambda)^2}{vu}$$

woraus erhellet, daß ein Min. gefunden ist.

§. 75.

Aufgabe.

In einem gegebenen Fünfeck ABCDE (Fig. 29) den Punkt M zu bestimmen, für welchen die Summe P der Linien aus ihm nach den 5 Ecken ein Min. wird.

Auflösung.

Man fälle die Normalen BF, CG, DH, MJ auf AE, setze $AF = a$; $FB = h$; $AG = b$; $GC = k$; $AH = c$; $HD = n$; $AE = e$; ferner $MA = p$; $MB = q$; $MC = r$; $MD = t$; $ME = u$; $AMJ = \alpha$; $EMJ = \beta$; $MBF = \gamma$; $MCG = \delta$; $MDH = \mu$; und betrachte $AJ = x$ und $JM = y$ als die Urvariablen, so hat man

1) $p^2 = x^2 + y^2$

2) $q^2 = (x - a)^2 + (h - y)^2$

3) $r^2 = (b - x)^2 + (k - y)^2$

4) $t^2 = (c - x)^2 + (n - y)^2$

5) $u^2 = (e - x)^2 + y^2$; und hieraus, wie im vorigen §.

6) $\frac{dp}{dx} = \text{Sin}\,\alpha$; $\frac{dp}{dy} = \text{Cos}\,\alpha$;

$\frac{dq}{dx} = \text{Sin}\,\gamma$; $\frac{dq}{dy} = -\text{Cos}\,\gamma$;

$\frac{dr}{dx} = -\text{Sin}\,\delta$; $\frac{dr}{dy} = -\text{Cos}\,\delta$;

$\frac{dt}{dx} = -\text{Sin}\,\mu$; $\frac{dt}{dy} = -\text{Cos}\,\mu$;

$\frac{du}{dx} = -\text{Sin}\,\beta$; $\frac{du}{dy} = \text{Cos}\,\beta$; oder

7) $\text{Sin}\,\alpha + \text{Sin}\,\gamma - \text{Sin}\,\delta - \text{Sin}\,\mu - \text{Sin}\,\beta = 0$

8) $\text{Cos}\,\alpha - \text{Cos}\,\gamma - \text{Cos}\,\delta - \text{Cos}\,\mu + \text{Cos}\,\beta = 0.$

woraus

9) $[\text{Sin}\,\alpha - \text{Sin}\,\beta]^2 = [\text{Sin}\,\delta + \text{Sin}\,\mu - \text{Sin}\,\gamma]^2$ und

10) $[\text{Cos}\,\alpha + \text{Cos}\,\beta]^2 = [\text{Cos}\,\delta + \text{Cos}\,\mu + \text{Cos}\,\gamma]^2$ folgt.

Die Summe dieser beiden Gleichungen giebt

11) $2\text{Cos}(\alpha+\beta) = 1 + 2\text{Cos}(\mu-\delta) + 2\text{Cos}(\delta+\gamma) + 2\text{Cos}(\mu+\gamma)$, oder, $\angle$ AMB durch A; BMC durch B; CMD durch C; DME durch D und EMA durch E ausgedrückt;

12) $2\,\text{Cos}\,E = 1 + 2\,\text{Cos}\,B + 2\,\text{Cos}\,C + 2\,\text{Cos}\,(B+C)$;

und eben so:

13) $2\,\text{Cos}\,A = 1 + 2\,\text{Cos}\,C + 2\,\text{Cos}\,D + 2\,\text{Cos}\,(C+D)$;

14) $2\,\text{Cos}\,B = 1 + 2\,\text{Cos}\,D + 2\,\text{Cos}\,E + 2\,\text{Cos}\,(D+E)$;

15) $2\,\text{Cos}\,C = 1 + 2\,\text{Cos}\,A + 2\,\text{Cos}\,E + 2\,\text{Cos}\,(A+E)$;

16) $2\,\text{Cos}\,D = 1 + 2\,\text{Cos}\,A + 2\,\text{Cos}\,B + 2\,\text{Cos}\,(A+B)$;

Die Differenz von 12) und 13) liefert

$\text{Cos}\,E - \text{Cos}\,A = \text{Cos}\,B - \text{Cos}\,D + \text{Cos}(B+C) - \text{Cos}(C+D)$ oder

$$\text{Sin}\,\frac{A+E}{2} \cdot \text{Sin}\,\frac{A-E}{2} = \text{Sin}\,\frac{B+D}{2} \cdot \text{Sin}\,\frac{D-B}{2} + \text{Sin}\,\frac{B+2C+D}{2}\,\text{Sin}\,\frac{D-B}{2}$$

$$= \text{Sin}\,\frac{D-B}{2}\left[\text{Sin}\,\frac{B+D}{2} + \text{Sin}\,\frac{B+2C+D}{2}\right]$$

$$= \text{Sin}\,\frac{D-B}{2} \cdot 2 \cdot \text{Sin}\,\frac{B+C+D}{2} \cdot \text{Cos}\,\frac{C}{2}.$$

Es

Es ist aber

$$A + B + C + D + E = 2\pi$$

also $\operatorname{Sin}\frac{B+C+D}{2} = \operatorname{Sin}\left(\pi - \frac{A+E}{2}\right) = \operatorname{Sin}\frac{A+E}{2}$

folglich

$\operatorname{Sin}\frac{A+E}{2} \cdot \operatorname{Sin}\frac{A-E}{2} = 2 \cdot \operatorname{Sin}\frac{D-B}{2} \operatorname{Sin}\frac{A+E}{2} \cdot \operatorname{Cos}\frac{C}{2}$; oder

17) $\operatorname{Sin}\frac{A-E}{2} = 2 \operatorname{Sin}\frac{D-B}{2} \cdot \operatorname{Cos}\frac{C}{2}$

und eben so geben die Unterschiede der aufeinanderfolgenden übrigen 4 Gleichungen 13) 14) 15) und 16)

18) $\operatorname{Sin}\frac{B-A}{2} = 2 \cdot \operatorname{Sin}\frac{E-C}{2} \cdot \operatorname{Cos}\frac{D}{2}$

19) $\operatorname{Sin}\frac{C-B}{2} = 2 \cdot \operatorname{Sin}\frac{A-D}{2} \cdot \operatorname{Cos}\frac{E}{2}$

20) $\operatorname{Sin}\frac{D-C}{2} = 2 \operatorname{Sin}\frac{B-E}{2} \cdot \operatorname{Cos}\frac{A}{2}$

und diesen 4 Gleichungen 17) bis 20) geschieht Genüge, für

21) $A = B = C = D = E = \frac{2\pi}{5}$.

Aus der Natur des Gegenstandes fällt in die Augen, daß ein Min. gefunden ist.

§. 76.

Aufgabe.

Es ist ein Kreis gegeben; man soll um denselben dasjenige Dreieck bestimmen, in welchem die Summe der Durchmesser derjenigen 3, sich untereinander berührenden Kreise, von welchen jeder, von 2 Seiten dieses Dreiecks, tangentirt wird, ein Max. oder Min. ist.

Bezeichnet man durch 4α, 4β, 4γ die 3 Winkel des zu bestimmenden Kreises, so sind, den Halbmesser des gegebenen Kreises als Einheit angenommen, (nach p. 193 des 2ten Bandes meiner Geometrie) die 3 Durchmesser

$$=\frac{(1+Tg\alpha)(1+Tg\beta)}{1+Tg\gamma};\ \frac{(1+Tg\alpha)(1+Tg\gamma)}{1+Tg\beta};\ \frac{(1+Tg\beta)(1+Tg\gamma)}{1+Tg\alpha}$$

und die Bedingungsgleichung ist

1) $\alpha+\beta+\gamma=\frac{\pi}{4}$. Man setze

2) $u=\frac{(1+Tg\alpha)(1+Tg\beta)}{1+Tg\gamma}+\frac{(1+Tg\alpha)(1+Tg\gamma)}{1+Tg\beta}+\frac{(1+Tg\beta)(1+Tg\gamma)}{1+Tg\alpha}$;

so entsteht aus 1)

3) $\frac{d\gamma}{d\alpha}=-1$; $\frac{d\gamma}{d\beta}=-1$ und benutzt man diese Werthe in 3) so erhält man aus 2)

4) $\frac{du}{d\alpha}$

$$=\frac{[1+Tg\beta][(1+Tg\gamma)Sec\alpha^2+(1+Tg\alpha)Sec\gamma^2][(1+Tg\alpha)^2-(1+Tg\gamma)^2]}{(1+Tg\alpha)^2.(1+Tg\gamma)^2}$$

$$-\frac{(1+Tg\alpha)Sec\gamma^2-(1+Tg\gamma)Sec\alpha^2}{1+Tg\beta}$$

$$=[Tg\alpha-Tg\gamma]\Big[(1+Tg\beta)^2[(1+Tg\gamma)Sec\alpha^2$$

$$+(1+Tg\alpha)Sec\gamma^2].[2+Tg\alpha+Tg\gamma]$$

$$-(1+Tg\alpha)^2.(1+Tg\gamma)^2.[1-Tg\alpha-Tg\gamma-Tg\alpha Tg\gamma]\Big]$$

$$:(1+Tg\alpha)^2.(1+Tg\beta)(1+Tg\gamma)^2$$

5) $\frac{du}{d\beta}$

$$=\frac{(1+Tg\alpha)[(1+Tg\gamma)Sec\beta^2+(1+Tg\beta)Sec\gamma^2][(1+Tg\beta)^2-(1+Tg\gamma)^2]}{[1+Tg\beta]^2.[1+Tg\gamma]^2}$$

$$-\frac{(1+Tg\beta)Sec\gamma^2-(1+Tg\gamma)Sec\beta^2}{1+Tg\alpha}$$

$= [Tg\beta - Tg\gamma]\Big[(1+Tg\alpha)^2[(1+Tg\gamma)Sec\beta^2$
$+ (1+Tg\beta)Sec\gamma^2].[2+Tg\beta+Tg\gamma]$
$-(1+Tg\beta)^2.(1+Tg\gamma)^2.[1-Tg\beta-Tg\gamma-Tg\beta Tg\gamma]\Big]$
$:[1+Tg\alpha][1+Tg\beta]^2[1+Tg\gamma]^2.$

Nun wird aber offenbar $\frac{du}{d\alpha}$ zu Null, für $Tg\alpha - Tg\gamma = 0$; d. h. für

6) $\alpha = \gamma$;

und $\frac{du}{d\beta}$ wird zu Null, für $Tg\beta - Tg\gamma = 0$; d. h. für

7) $\beta = \gamma$; und aus 6) und 7) folgt, verbunden mit 1)

8) $\alpha = \beta = \gamma = \frac{\pi}{12}$; also

9) jeder Winkel des verlangten Dreiecks $= \frac{\pi}{3} = 60°$.

Für die Werthe in 8) entsteht ferner

10) $\frac{d^2u}{d\alpha^2} = \frac{3+2Tg\alpha+5Tg\alpha^2}{1+Tg\alpha} . 2 Sec\,\alpha^2$

11) $\frac{d^2u}{d\beta^2} = \frac{3+2Tg\alpha+5Tg\alpha^2}{1+Tg\alpha} . 2 Sec\,\alpha^2$

12) $\frac{d^2u}{d\alpha^2} . \frac{d^2u}{d\beta^2} - \left[\frac{d^2u}{d\alpha d\beta}\right]^2 = \left[\frac{3+2Tg\alpha+5Tg\alpha^2}{1+Tg\alpha}\right]^2 . 3 Sec\,\alpha^4$

so daß also ein Min. gefunden ist, dessen Größe man $= 3 . (1 + Tg\ 15°)$ erhält.

§. 77.

Zusatz.

1) Ist ein Winkel, etwa α willkührlich gewählt, so findet man für die Summe der 3 Halbmesser ein Min. wenn $\beta = \gamma = \frac{\pi - 4\alpha}{2}$ ist.

2) Soll die Summe P der 3 Kreis-Ebenen ein Min. werden, so erhält man, keinen der Winkel als

willkührlich gewählt angesehen, $\frac{du}{d\alpha}$ gleich einem Product, dessen einer Factor

$$=\Big[2(1+\mathrm{Tg}\,\beta)^2.\,[(1+\mathrm{Tg}\,\gamma)\,\mathrm{Sec}\,\alpha^2+(1+\mathrm{Tg}\,\alpha)\,\mathrm{Sec}\,\gamma^2].\,[(1+\mathrm{Tg}\alpha)^2+(1+\mathrm{Tg}\gamma)^2][2+\mathrm{Tg}\alpha+\mathrm{Tg}\gamma]\Big]:(1+\mathrm{Tg}\alpha)^3.(1+\mathrm{Tg}\gamma)^3$$

$$-\frac{2(1+\mathrm{Tg}\,\alpha)(1+\mathrm{Tg}\,\gamma)\,[1-\mathrm{Tg}\,\alpha-\mathrm{Tg}\,\gamma-\mathrm{Tg}\,\alpha.\mathrm{Tg}\,\gamma]}{[1+\mathrm{Tg}\,\beta]^2};$$

dessen zweiter aber

$=\mathrm{Tg}\,\alpha-\mathrm{Tg}\,\gamma$ ist, so daß also $\frac{du}{d\alpha}$ gleich Null wird, für $\alpha=\gamma$. Eben so findet sich auch $\beta=\gamma$ u. s. w.

Es genügen übrigens, sowohl in diesem wie im vorigen §, den Bedingungen $\frac{du}{d\alpha}=0$ und $\frac{du}{d\beta}=0$; noch mehrere Werthe, wenn man die 2ten Factoren gleich Null setzt, welche Untersuchungen aber hier nicht zu unserm Zweck gehören.

§. 78.

Aufgabe.

In einer der 3 Seiten eines gegebenen Dreiecks ABC, (Fig. 30.) etwa in AB, den Punkt D, und den Winkel ADE = y der Bedingung gemäß zu bestimmen, daß das △ EDF mit dem bestimmten Winkel EDF = γ ein Max. oder Min. werde.

Auflösung.

Es sei AB = a; ∠ CAB = α; ∠ CBA = β; AD = x; so hat man

$$ED=\frac{x\,\mathrm{Sin}\,\alpha}{\mathrm{Sin}\,(\alpha+y)};\quad DF=\frac{(a-x)\,\mathrm{Sin}\,\beta}{\mathrm{Sin}\,(\gamma+y-\beta)}$$

folglich den Inhalt des Dreiecks, oder

1) $P = \frac{(ax - x^2) \sin\alpha \sin\beta \sin\gamma}{2 \sin(\alpha + y) \sin(y + \gamma - \beta)}$, und es soll also

2) $Q = \frac{ax - x^2}{\sin(\alpha + y) \sin(y + \gamma - \beta)}$ ein Max. oder Min. werden.

Man erhält

3) $\frac{dQ}{dx} = \frac{a - 2x}{\sin(\alpha + y) \cdot \sin(y + \gamma - \beta)}$

4) $\frac{dQ}{dy} = - \frac{(ax - x^2) \sin(\alpha + \gamma - \beta + 2y)}{\sin(\alpha + y)^2 \sin(y + \gamma - \beta)^2}$

und aus $\frac{dQ}{dx} = 0$ und $\frac{dQ}{dy} = 0$ ergeben sich die Gleichungen

5) $a - 2x = 0$ und

6) $\sin(\alpha + \gamma - \beta + 2y) = 0$.

Bezeichnet n irgend eine ganze Zahl oder auch 0, so folgt aus 5) und 6)

7) $x = \frac{a}{2}$

8) $y = \frac{n\pi - (\alpha + \gamma - \beta)}{2}$

und ganz so wie in §. 31 überzeugt man sich, daß n nur = 1 seyn kann; dann hat man

9) $x = \frac{a}{2}$

10) $y = \frac{\pi + \beta - \alpha - \gamma}{2}$

11) $\angle FDB = \frac{\pi + \alpha - \beta - \gamma}{2}$

12) $\angle AED = \frac{\pi + \gamma - \alpha - \beta}{2} = \angle DFB$

und weil jeder der Ausdrücke 10) 11) 12) kleiner wie

π und größer wie Null sein muß, wenn ein $\triangle$ entstehen soll, so ergeben sich noch die Bedingungen

$$\beta + \gamma - \alpha < \pi$$
$$\beta + \alpha - \gamma < \pi$$
$$\alpha + \gamma - \beta < \pi.$$

Da nun ferner, für $x = \frac{a}{2}$ und $y = \frac{\pi + \beta - \alpha - \gamma}{2}$;

$$\frac{d^2 Q}{d x^2} = - \frac{2}{\left(\operatorname{Cos} \frac{\alpha + \beta - \gamma}{2}\right)^2};$$

$$\frac{d^2 Q}{d y^2} = + \frac{a^2}{2 \cdot \left(\operatorname{Cos} \frac{\alpha + \beta - \gamma}{2}\right)^4}; \text{ und}$$

$\frac{d^2 Q}{d x . d y} = 0$; so findet weder ein Max. noch ein Min. statt, und die Resultate $x = \frac{a}{2}$; $y = \frac{\pi + \beta - \alpha - \gamma}{2}$ liefern zwar ein Dreieck DEF von besondern Eigenschaften, jedoch ist dasselbe weder ein Größtes noch ein Kleinstes.

Die Vergleichung mit der Aufgabe in §. 31 lehrt diese besondern Eigenschaften erkennen, wenn man die vorliegende Aufgabe folgendergestalt ausdrückt:

Wenn man in einer der 3 Seiten (etwa in AB) eines gegebenen Dreiecks ABC in jeden Punkt derselben, den Winkel ADE $= \frac{\pi + \beta - \alpha - \gamma}{2}$, den EDF aber $= \gamma$ macht, und dann EF zieht, so soll in AB der Punkt D gefunden werden, für welchen das Dreieck EDF, unter allen so gebildeten Dreiecken, das größte oder kleinste wird.

Setzt man, um diese Aufgabe zu lösen, AD $= x$; so hat man

$$DE = \frac{x \operatorname{Sin} \alpha}{\operatorname{Cos} \frac{\alpha + \beta - \gamma}{2}};$$

$$DF = \frac{(a - x) \operatorname{Sin} \beta}{\operatorname{Cos} \frac{\alpha + \beta - \gamma}{2}};$$ folglich

$$\triangle DEF = \varphi x = \frac{(a - x)\, x \operatorname{Sin} \alpha \operatorname{Sin} \beta \operatorname{Sin} \gamma}{2 \left(\operatorname{Cos} \frac{\alpha + \beta - \gamma}{2}\right)^2},$$ und es wird

φx ein Max. für $x = \frac{a}{2}$.

Es ist also das Dreieck DEF, für welches $x = \frac{a}{2}$ und $y = \frac{\pi + \beta - \alpha - \gamma}{2}$ ist, unter allen denen Kleinsten in §. 31. das Größte.

§. 79.

Aufgabe.

Es ist ein Dreieck ABC gegeben; man soll in den 3 Seiten desselben, die Punkte D, E, F der Bedingung gemäß bestimmen, daß das $\triangle$ DEF = P ein Max. oder Min. wird.

Auflösung.

Es sei AB = a; $\angle$ CAB = α und $\angle$ CBA = β (Fig. 30.) gegeben; man setze AD = x; $\angle$ ADE = y; $\angle$ BDF = z; so hat man

$$DE = \frac{x \operatorname{Sin} \alpha}{\operatorname{Sin}(\alpha + y)}; \quad DF = \frac{(a - x) \operatorname{Sin} \beta}{\operatorname{Sin}(\beta + z)}$$

folglich

$$1)\ P = \frac{(a x - x^2) \operatorname{Sin} \alpha \operatorname{Sin} \beta \operatorname{Sin}(y + z)}{2 \operatorname{Sin}(\alpha + y) \operatorname{Sin}(\beta + z)}$$

und es sind also, die Werthe für x, y, z der Bedingung gemäß zu bestimmen, daß

2) $\varphi(x, y, z) = Q = \frac{(ax - x^2) \operatorname{Sin}(y + z)}{\operatorname{Sin}(\alpha + y) \operatorname{Sin}(\beta + z)}$ ein Größtes oder Kleinstes wird.

Es ergeben sich:

3) $\frac{dQ}{dx} = \frac{(a - 2x) \operatorname{Sin}(y + z)}{\operatorname{Sin}(\alpha + y) \operatorname{Sin}(\beta + z)}$;

4) $\frac{dQ}{dy} = \frac{(ax - x^2) \operatorname{Sin}(\alpha - z)}{\operatorname{Sin}(\beta + z) \operatorname{Sin}(\alpha + y)^2}$

5) $\frac{dQ}{dz} = \frac{(ax - x^2) \operatorname{Sin}(\beta - y)}{\operatorname{Sin}(\alpha + y) \operatorname{Sin}(\beta + z)^2}$

und setzt man jeden dieser Ausdrücke gleich Null, so erhält man die Resultate

6) $x = \frac{a}{2}$; $z = \alpha$; $y = \beta$, von welchen jedes Einzelne die übrigen beiden schon von selbst bestimmt.

Der Inhalt des, diesen Resultaten zugehörigen $\triangle$s wird $= \frac{1}{4} \cdot \frac{a^2 \operatorname{Sin}\alpha \operatorname{Sin}\beta}{2 \operatorname{Sin}(\alpha + \beta)}$; d. h.

7) $P = \frac{1}{4} \cdot ABC$.

Für $x = \frac{a}{2}$; $y = \beta$ und $z = \alpha$, erhält man nun ferner

$$\frac{d^2Q}{2dx^2} = A = -\frac{1}{\operatorname{Sin}(\alpha + \beta)};$$

$$\frac{d^2Q}{dx.dy} = B = 0$$

$$\frac{d^2Q}{2.dy^2} = C = 0$$

$$\frac{d^2Q}{dx\,dz} = D = 0$$

$$\frac{d^2Q}{dy\,dz} = E = -\frac{a^2}{4 \operatorname{Sin}(\alpha + \beta)^2}$$

$$\frac{d^2Q}{2dz^2} = F = 0$$

und es ist also $P = \frac{1}{4} ABC$ (nach §. 9) weder ein Max. noch ein Min.

Indessen hat dieß Dreieck DEF für welches die Ecken D, E, F in den Mittelpunkten der Seiten liegen, doch eine ausgezeichnete Eigenschaft, die auf folgende Weise sich bestimmt.

Setzt man nemlich die beliebigen Aenderungen der für x, y, z gefundenen Werthe $= p, q, r$, so wäre DEF ein Max., wenn

$$S = Ap^2 + Bpq + Cq^2 + Dpr + Eqr + Fr^2$$

immer negativ, ein Min. aber, wenn S immer positiv bliebe, welche positive oder negative Werthe auch für p, q, r angenommen werden möchten. Nun ist aber hier

$$8)\ S = -\frac{p^2}{\mathrm{Sin}(\alpha+\beta)} - \frac{a^2 . q . r}{4\,\mathrm{Sin}(\alpha+\beta)^3}$$

und dieser Ausdruck bleibt immer negativ, wenn q und r beide positiv oder beide negativ gedacht werden. Es ist also $\triangle$ DEF für $x = \frac{a}{2}$; $y = \beta$ und $z = \alpha$ ein Max. unter allen denen Dreiecken, für welche $x = \frac{a}{2}$; y und z aber beide größer, oder beide kleiner wie α, β sind.

Nimmt man aber $x = \frac{a}{2}$; $y = \beta \pm$ und $z = \alpha \mp$, d. h. y größer oder kleiner wie β, und z kleiner oder größer wie α, so daß also $p = 0$; q und r aber entgegengesetzt sind, so wird S positiv, und es ist also $\triangle$ DEF, für $x = \frac{a}{2}$, $y = \beta$ und $z = \alpha$ das Kleinste unter allen den Dreiecken, für welche $x = \frac{a}{2}$, y größer oder kleiner wie β und z kleiner oder größer wie α ist.

Für $x = \frac{a}{2}$; $y = \beta$; $z = \alpha$ ist demnach das Dreieck DEF zugleich ein Max. und auch ein Min., ein Max. für alle Dreiecke mit der Ecke D, bei welchen y und z beide größer, oder beide kleiner wie β und α sind; ein Min. für alle übrige.

§. 80.

Aufgabe.

In den 3 Seiten eines gegebenen Dreiecks ABC (Fig. 31) die Punkte D, E, F der Bedingung gemäß, zu bestimmen, daß der Umfang des Dreiecks DEF ein Min. werde.

Auflösung.

Es sei $AB = a$; $AC = b$; $BC = c$; $\angle A = \alpha$; $\angle B = \beta$; $\angle C = \gamma$; $AD = x$; $BF = y$; $CE = z$; so hat man

$$DE = \sqrt{x^2 + (b-z)^2 - 2x(b-z)\,\mathrm{Cos}\,\alpha}$$
$$DF = \sqrt{y^2 + (a-x)^2 - 2y(a-x)\,\mathrm{Cos}\,\beta}$$
$$EF = \sqrt{z^2 + (c-y)^2 - 2z(c-y)\,\mathrm{Cos}\,\gamma}$$

und $\varphi = DE + DF + EF$ soll ein Min. werden. Man erhält

$$1)\quad \frac{d\varphi}{dx} = \frac{x-(b-z)\,\mathrm{Cos}\,\alpha}{DE} - \frac{(a-x)-y\,\mathrm{Cos}\,\beta}{DF};$$

$$2)\quad \frac{d\varphi}{dy} = \frac{y-(a-x)\,\mathrm{Cos}\,\beta}{DF} - \frac{(c-y)-z\,\mathrm{Cos}\,\gamma}{EF};$$

$$3)\quad \frac{d\varphi}{dz} = \frac{z-(c-y)\,\mathrm{Cos}\,\gamma}{EF} - \frac{(b-z)-x\,\mathrm{Cos}\,\alpha}{DE}.$$

Fällt man nun aus E und F Normalen EG, FH auf AB, so hat man

$$DG = x - (b - z) \operatorname{Cos} \alpha$$

$$DH = (a - x) - y \operatorname{Cos} \beta;$$ und aus

$$\frac{d\varphi}{dx} = o$$ entsteht

4) $\frac{DG}{DE} = \frac{DH}{DF}$,

so daß also die rechtwinklichten Dreiecke DEG und DFH ähnlich, also die Winkel EDA, FDB gleich werden müssen.

Eben so folgt aus $\frac{d\varphi}{dy} = o$ die erforderliche Gleichheit der Winkel DFB, EFC, und aus $\frac{d\varphi}{dz} = o$ hat man $\angle$ DEA = FEC.

Setzt man nun $\angle$ EDA = FDB = w, so ist

$$DFB = EFC = \pi - \beta - w$$ und

$$DEA = FEC = \pi - \alpha - w$$

folglich im $\triangle$ EFC;

5) $\gamma + \pi - \beta - w + \pi - \alpha - w = \pi$ und hieraus, γ für $\pi - \alpha - \beta$ gesetzt,

6) $w = \gamma$.

Eben so folgt

7) $DFB = EFC = \alpha$

8) $DEA = FEC = \beta$.

Um nun noch x, y, z zu bestimmen, so hat man sogleich

$$DF = \frac{(a - x) \operatorname{Sin} \beta}{\operatorname{Sin} \alpha}$$

$$DE = \frac{x \operatorname{Sin} \alpha}{\operatorname{Sin} \beta}$$ und

$$DF \cdot \operatorname{Sin} DFE = DE \cdot \operatorname{Sin} DEF;$$ oder

9) $\frac{(a-x)\,\mathrm{Sin}\,\beta}{\mathrm{Sin}\,\alpha}$. $\mathrm{Sin}\;2\,\alpha = \frac{x\,\mathrm{Sin}\,\alpha}{\mathrm{Sin}\,\beta}\;\mathrm{Sin}\;2\,\beta$

woraus leicht:

10) $x = \frac{a\,\mathrm{Sin}\,\beta\,\mathrm{Cos}\,\alpha}{\mathrm{Sin}\,\gamma} = b\;\mathrm{Cos}\,\alpha$ folgt.

Eben so ergiebt sich

11) $y = a\;\mathrm{Cos}\,\beta$

12) $z = c\;\mathrm{Cos}\,\gamma$

woraus augenblicklich die leichte Construction hervorgeht:

Man fälle aus A, B, C die Normalen auf die gegenüberliegenden Seiten, so ergeben sich die 3 verlangten Punkte, F, E, D.

Es erhellet hieraus, daß die Aufgabe nur dann die Auflösung zuläßt, wenn das Dreieck spitzwinklich ist.

Der synthetische Beweis, daß dieser Construction entsprechend $DE + DF + EF$ ein Min. ist, folgt (aus §. 224. meiner Geometrie) sogleich.

Zu Bestimmung der Größe M des Min. hat man

$DE\;\mathrm{Sin}\,\gamma = AE\;\mathrm{Sin}\,\alpha = a\,\mathrm{Cos}\,\alpha\;\mathrm{Sin}\,\alpha = c\,\mathrm{Sin}\,\gamma\;\mathrm{Cos}\,\alpha$

also $DE = c\;\mathrm{Cos}\,\alpha$. Eben so

$DF = b\;\mathrm{Cos}\,\beta$ und

$EF = a\;\mathrm{Cos}\,\gamma$; also

$$M = DE + DF + EF = a\,\mathrm{Cos}\,\gamma + b\,\mathrm{Cos}\,\beta + c\,\mathrm{Cos}\,\alpha$$

$$= a\;\mathrm{Cos}\,\gamma + \frac{a\,\mathrm{Sin}\,\beta\,\mathrm{Cos}\,\beta}{\mathrm{Sin}\,\gamma} + \frac{a\,\mathrm{Sin}\,\alpha\,\mathrm{Cos}\,\alpha}{\mathrm{Sin}\,\gamma}$$

$$= \frac{a}{2\,\mathrm{Sin}\,\gamma}\,[\mathrm{Sin}\;2\,\alpha + \mathrm{Sin}\;2\,\beta + \mathrm{Sin}\;2\,\gamma].$$

Es ist aber $\mathrm{Sin}\;2\,\gamma = \mathrm{Sin}\,(360 - 2\alpha - 2\beta)$

$= -\,\mathrm{Sin}\,(2\alpha + 2\beta)$

$= -\,\mathrm{Sin}\,2\alpha\;\mathrm{Cos}\,2\beta - \mathrm{Cos}\,2\alpha\;\mathrm{Sin}\,2\beta$

folglich

$$M = \frac{a}{2 \operatorname{Sin} \gamma} [\operatorname{Sin} 2\alpha (1 - \operatorname{Cos} 2\beta) + \operatorname{Sin} 2\beta (1 - \operatorname{Cos} 2\alpha)]$$

$$= \frac{2a}{\operatorname{Sin} \gamma} \cdot [\operatorname{Sin} \alpha \operatorname{Cos} \alpha \cdot \operatorname{Sin} \beta^2 + \operatorname{Sin} \beta \operatorname{Cos} \beta \cdot \operatorname{Sin} \alpha^2]$$

$$= \frac{2a \operatorname{Sin} \alpha \operatorname{Sin} \beta}{\operatorname{Sin} \gamma} \cdot [\operatorname{Cos} \alpha \operatorname{Sin} \beta + \operatorname{Sin} \alpha \operatorname{Cos} \beta]$$ oder

13) $M = 2a \operatorname{Sin} \alpha \operatorname{Sin} \beta$.

Zur Uebung folgt hier auch noch die theoretische Ueberzeugung, daß (für ein spitzwinklichtes Dreieck) ein Min. gefunden ist.

Es folgt, für die gefundenen Resultate:

$$\frac{d^2 \varphi}{d x^2} = \frac{DE - \frac{DG^2}{DE}}{DE^2} + \frac{DF - \frac{DH^2}{DF}}{DF^2}$$

$$= \frac{EG^2}{DE^3} + \frac{FH^2}{DF^3} = \frac{\operatorname{Sin} w^2}{DE} + \frac{\operatorname{Sin} w^2}{DF};$$ oder

14) $\frac{d^2 \varphi}{d x^2} = \frac{c \operatorname{Cos} \alpha + b \operatorname{Cos} \beta}{b c \operatorname{Cos} \alpha \operatorname{Cos} \beta} \operatorname{Sin} \gamma^2$. Eben so

15) $\frac{d^2 \varphi}{d y^2} = \frac{a \operatorname{Cos} \gamma + b \operatorname{Cos} \beta}{a b \operatorname{Cos} \beta \operatorname{Cos} \gamma} \operatorname{Sin} \alpha^2$;

16) $\frac{d^2 \varphi}{d z^2} = \frac{a \operatorname{Cos} \gamma + c \operatorname{Cos} \alpha}{a c \operatorname{Cos} \alpha \operatorname{Cos} \gamma} \operatorname{Sin} \beta^2$;

17) $\frac{d^2 \varphi}{d x d y} = \frac{\operatorname{Sin} \alpha \operatorname{Sin} \gamma}{b \operatorname{Cos} \beta}$;

18) $\frac{d^2 \varphi}{d x d z} = \frac{\operatorname{Sin} \beta \operatorname{Sin} \gamma}{c \operatorname{Cos} \alpha}$;

19) $\frac{d^2 \varphi}{d y d z} = \frac{\operatorname{Sin} \alpha \operatorname{Sin} \beta}{a \operatorname{Cos} \gamma}$;

und hieraus:

20) $\frac{d^2 \varphi}{d x^2} \cdot \frac{d^2 \varphi}{d y^2} - \left[\frac{d^2 \varphi}{d x d y}\right]^2 = \frac{2 \operatorname{Sin} \alpha^3 \operatorname{Sin} \gamma^3}{a c \operatorname{Cos} \alpha \operatorname{Cos} \beta \operatorname{Cos} \gamma}$;

21) $\frac{d^2 \varphi}{d x^2} \cdot \frac{d^2 \varphi}{d z^2} - \left[\frac{d^2 \varphi}{d x \cdot d z}\right]^2 = \frac{2 \operatorname{Sin} \beta^3 \operatorname{Sin} \gamma^3}{a b \operatorname{Cos} \alpha \operatorname{Cos} \beta \operatorname{Cos} \gamma}$;

22) $\frac{d^2\varphi}{dy^2}\cdot\frac{d^2\varphi}{dz^2}-\left[\frac{d^2\varphi}{dy\,dz}\right]^2=\frac{a\,\mathrm{Sin}\,\alpha^2\,\mathrm{Sin}\,\beta^2}{b\,c\,\mathrm{Cos}\,\alpha\,\mathrm{Cos}\,\beta\,\mathrm{Cos}\,\gamma}$;

23) $$\frac{d^2\varphi}{dx^2}\cdot\frac{d^2\varphi}{dy^2}\cdot\frac{d^2\varphi}{dz^2}+2\cdot\frac{d^2\varphi}{dx\,dy}\cdot\frac{d^2\varphi}{dx\,dz}\cdot\frac{d^2\varphi}{dy\,dz}$$
$$-\frac{d^2\varphi}{dx^2}\cdot\left[\frac{d^2\varphi}{dy\,dz}\right]^2-\frac{d^2\varphi}{dy^2}\left[\frac{d^2\varphi}{dx\,dz}\right]^2-\frac{d^2\varphi}{dz^2}\cdot\left[\frac{d^2\varphi}{dx\,dy}\right]^2$$
$$=\frac{4\,\mathrm{Sin}\,\alpha^2\,\mathrm{Sin}\,\beta^2\,\mathrm{Sin}\,\gamma^2}{a\,b\,c\,\mathrm{Cos}\,\alpha\,\mathrm{Cos}\,\beta\,\mathrm{Cos}\,\gamma};$$

woraus hervor geht, daß für lauter spitze Winkel ein Min. gefunden ist.

Ist einer der 3 Winkel stumpf, so wird, sowohl 20) als auch 21) und 22) negativ, und es existirt weder ein Max. noch ein Min.

§. 81.

Aufgabe.

Es sind 3 Punkte A, B, C (Fig. 32) gegeben; man soll die Gleichung für die Ellipse angeben, in deren Peripherie diese Puncte liegen, deren Flächen-Inhalt aber ein Min. ist.

Auflösung.

Es sei $AB = a$; $AC = b$; $\angle BAC = \mu$; AB die Abscissenlinie für die Ellipse, A der Anfangspunkt der Abscissen, von A nach B gemessen gedacht; μ der Coordinaten-Winkel; x bezeichne jede Abscisse; y die zugehörigen beiden Ordinaten, und

1) $y^2 + \alpha xy + \beta x^2 + \gamma y + \delta x + \varepsilon = 0$

sei die Gleichung der gesuchten Ellipse, so daß also die 5 unbekannten Größen α, β, γ, δ, ε den Bedingungen der Aufgabe gemäß zu bestimmen sind.

Da A in der Ellipse liegen soll, so muß für $x=0$; auch der eine zugehörige Werth von y gleich 0 sein, und es folgt aus 1) für $x = 0$ und $y = 0$; daß auch 2) $\varepsilon = 0$ sein muß.

Der andere Werth von y, für $x = 0$, muß $= AC = b$ werden, und für diese zusammen gehörigen Werthe, entspringt, aus 1)

$$b^2 + \gamma b = 0;$$ und folglich muß

3) $\gamma = - b$ sein.

Weil auch B in der Peripherie liegen soll, so muß für $x = AB = a$; der eine zugehörige Werth von y gleich Null sein, und für diese Werthe liefert die Gleichung 1) folgende

$$\beta \cdot a^2 + \delta a = 0;$$ woraus folgt:

4) $\delta = - \beta a$.

Denen 3 Bedingungen, daß A, B und C in der Peripherie liegen sollen, entspricht daher die Gleichung;

5) $y^2 + \alpha xy + \beta x^2 - by - \beta ax = 0$

woraus

6) $y = \frac{b - \alpha x}{2} \pm \sqrt{\left(\frac{b - \alpha x}{2}\right)^2 - \beta x^2 + \beta ax}$ folgt.

Es sind nun noch die Werthe für α und β der letzten Bedingung gemäß, daß der Inhalt P der Ellipse ein Min. werden soll, zu bestimmen, und also zuvörderst der Ausdruck für P darzustellen. Versteht man zu dem Ende unter x die beiden Abscissen, für welche die Ordinaten, Tangenten werden, also für y jedesmal nur einen Werth liefern können, so müssen beide Werthe in 6) für jeden der beiden Werthe von x, einander gleich, folglich

7) $\left(\frac{b - \alpha x}{2}\right)^2 - \beta x^2 + \beta ax = 0$ werden.

Aus 7) entspringt:

8) $x = \frac{2a\beta - b\alpha \pm 2.\sqrt{\beta(a^2\beta + b^2 - ab\alpha)}}{4\beta - \alpha^2}$

oder, den größeren dieser Werthe durch x', den kleineren durch 'x bezeichnet, so hat man:

9) $x' = AE = \frac{2a\beta - b\alpha + 2\sqrt{\beta(a^2\beta + b^2 - ab\alpha)}}{4\beta - \alpha^2}$

10) $EG = \frac{b - \alpha . x'}{2}$

11) $'x = - AD = \frac{2a\beta - b\alpha - 2\sqrt{\beta(a^2\beta + b^2 - ab\alpha)}}{4\beta - \alpha^2}$

12) $DF = \frac{b - \alpha . 'x}{2}$.

Der Mittelpunkt M der Linie FG ist nun der Mittelpunkt der Ellipse, und denkt man sich die mit FG coordinirte Achse KJ, deren Durchschnittspunkt mit der Abscissenlinie in H fallen mag, so hat man aus dem bisherigen folgende Resultate:

13) $DE = AD + AE = \frac{4.\sqrt{\beta(a^2\beta + b^2 - ab\alpha)}}{4\beta - \alpha^2}$

14) $AH = \frac{DE}{2} - AD = \frac{AE - AD}{2} = \frac{2a\beta - b\alpha}{4\beta - \alpha^2}$.

Setzt man aus 14) den Werth für AH in 6) so erhält man die beiden Ordinaten des Punktes H, nemlich

15) $y = \frac{\beta(2b - a\alpha) \pm \sqrt{\beta(4\beta - \alpha^2)(a^2\beta + b^2 - ab\alpha)}}{4\beta - \alpha^2}$

also

16) $HJ = \frac{\beta(2b - a\alpha) + \sqrt{\beta(4\beta - \alpha^2)(a^2\beta + b^2 - ab\alpha)}}{4\beta - \alpha^2}$

17) $- HK = \frac{\beta(2b - a\alpha) - \sqrt{\beta(4\beta - \alpha^2)(a^2\beta + b^2 - ab\alpha)}}{4\beta - \alpha^2}$.

folglich

18) $KJ = HJ + HK = \frac{2\sqrt{\beta(4\beta - \alpha^2)(a^2\beta + b^2 - ab\alpha)}}{4\beta - \alpha^2}$

19)

19) $HM = HJ - \frac{KJ}{2} = \frac{HJ - HK}{2} = \frac{\beta(2b - a\alpha)}{4\beta - \alpha^2}$.

Es ist aber der Inhalt P der Ellipse

$= \frac{1}{4} \cdot \pi \cdot FG \cdot KJ \cdot \text{Sin}\, JMG$ (§. 57. Anm.)

und $FG \cdot \text{Sin}\, JMG = FG \cdot \text{Sin}\, DFG$

$= ED \cdot \text{Sin}\, \mu$; also

$P = \frac{\pi \,\text{Sin}\, \mu}{4} \cdot ED \cdot KJ$, oder wenn man aus 13) und 18) die Werthe substituirt:

20) $P = 2\pi\, \text{Sin}\, \mu \cdot \frac{\beta(a^2\beta + b^2 - ab\alpha)}{(4\beta - \alpha^2)^{\frac{3}{2}}}$.

Aus $\frac{dP}{d\alpha} = 0$ entsteht nun

21) $3\alpha\, [a^2\beta + b^2 - ab\alpha] = ab\, [4\beta - \alpha^2]$.

Aus $\frac{dP}{d\beta} = 0$ aber, erhält man:

22) $(\alpha^2 + 2\beta)\, [a^2\beta + b^2 - ab\alpha] = a^2\beta\, [4\beta - \alpha^2]$, und aus diesen 2 Gleichungen 21) und 22) sind die Werthe von α und β zu entwickeln.

Für 21) kann man schreiben

23) $3\alpha\, [a^2\beta + b^2] = 2\, ab\, [2\beta + \alpha^2]$

und 22) durch 21) dividirt, giebt:

24) $\frac{\alpha^2 + 2\beta}{3\alpha} = \frac{a\beta}{b}$.

Wird nun 23) mit 24) multiplicirt, so entsteht

25) $a^2\beta + b^2 = 2\, a^2\beta$ und hieraus

26) $\beta = \frac{b^2}{a^2}$.

Setzt man diesen für β gefundenen Werth in 24) so kommt

$$\alpha^2 - \frac{3b}{a} \cdot \alpha + 2\, \frac{b^2}{a^2} = 0$$

aus welcher Gleichung für α die zwei Werthe hervorgehen

$$\frac{2b}{a}; \text{ und } \frac{b}{a}.$$

Die Gleichung 1) gehört aber nur dann der Ellipse an, wenn $4\beta > \alpha^2$ ist, und folglich kann α nicht $= \frac{2b}{a}$ sein, da $\beta = \frac{b^2}{a^2}$ ist, indem sonst $4\beta = \alpha^2$ wäre, welches für die Parabel der Fall ist. Man hat also

27) $\alpha = \frac{b}{a}$.

Für die beiden Werthe $\beta = \frac{b^2}{a^2}$; $\alpha = \frac{b}{a}$ erhält man nun bald, den Factor 2π Sin μ weggelassen,

28) $\frac{d^2P}{d\alpha^2} = \frac{\beta[3b^2 + 3a^2\beta - 4ab\alpha]}{(4\beta - \alpha^2)^{\frac{5}{2}}} = + \frac{2a^3}{9b.\sqrt{3}}$

29) $\frac{d^2P}{d\beta^2} = \frac{4a^2\beta - 2a^2\alpha^2 - 2b^2 + 2ab\alpha}{(4\beta - \alpha^2)^{\frac{5}{2}}} = + \frac{2a^5}{9b^3.\sqrt{3}}$

30) $\frac{d^2P}{d\alpha d\beta} = \frac{\beta[3a^2\alpha - 4ab]}{(4\beta - \alpha^2)^{\frac{5}{2}}} = - \frac{a^4}{9b^2.\sqrt{3}}$; also

31) $\frac{d^2P}{d\alpha^2} \cdot \frac{d^2P}{d\beta^2} - \left[\frac{d^2P}{d\alpha . d\beta}\right]^2 = + \frac{a^8}{9^2 . b^4}$

und aus 28) 29) und 31) folgt, daß der Flächenraum der gefundenen Ellipse ein Min. ist.

Stellt man die gefundenen Resultate zusammen, so hat man

I. die Gleichung:

$$a^2y^2 + abxy + b^2x^2 - a^2by - ab^2x = 0,$$

II. Die Abscisse des Mittelpunkts M, nemlich

$$AH = \frac{a}{3}.$$

III. Die zugehörige Ordinate, nemlich

$$HM = \frac{b}{3}.$$

IV. Die Achse

$$KJ = \tfrac{2}{3} b \,.\, \sqrt{3} \text{ aus } 18)$$

V. Der Inhalt der kleinsten Ellipse, oder

$$P = \frac{2\pi \operatorname{Sin}\mu}{3\sqrt{3}} \,.\, ab.$$

VI. Die zu KJ gehörige Achse FG erhält man aus der Gleichung

$$FG^2 = DE^2 + (FD - GE)^2 - 2 \,.\, DE \,.\, (FD - GE) \operatorname{Cos}\mu$$

nach Substitution der Werthe für DE, FD, GE, nemlich

$$FG^2 = \frac{4\beta[a^2\beta + b^2 - ab\alpha][\alpha^2 + 4 - 4\alpha \operatorname{Cos}\mu]}{(4\beta - \alpha^2)^2}$$

und hieraus nach Substitution der Werthe für α und β

$$FG = \tfrac{2}{3} \,.\, \sqrt{b^2 + 4a^2 - 4ab \operatorname{Cos}\mu}.$$

VII. Will man nun noch die beiden Hauptachsen, sie mögen c und k heißen, bestimmen, so hat man die beiden Gleichungen:

$$c^2 + k^2 = FG^2 + KJ^2 \text{ und}$$

$$\tfrac{1}{4} c \,.\, k \,.\, \pi = \frac{2\pi \operatorname{Sin}\mu}{3\sqrt{3}} \,.\, ab \text{ aus welchen sich,}$$

wenn man für FG und KJ die Werthe schreibt, ergiebt

$$\left.\begin{matrix} c \\ k \end{matrix}\right\} = \tfrac{2}{3}\left[\sqrt{a^2 + b^2 + 2ab \operatorname{Sin}(\mu - 30)} \pm \sqrt{a^2 + b^2 - 2ab \operatorname{Sin}(\mu + 30)}\right].$$

Diese beiden Achsen werden nur gleich, d. h. die kleinste Ellipse ums Dreieck wird nur dann ein Kreis, wenn $a^2 + b^2 = 2ab \operatorname{Sin}(\mu + 30)$ ist.

Nun ist aber, $\mu = 60^\circ$ ausgeschlossen,

$$\operatorname{Sin}(\mu + 30) < 1$$

$$\text{also } 2ab \operatorname{Sin}(\mu + 30) < 2ab.$$

Ferner ist, wenn a und b verschieden sind

$$2\,ab < a^2 + b^2$$

folglich immer, außer für $\mu = 60$ und $a = b$;

$$a^2 + b^2 > 2\,ab\,\mathrm{Sin}\,(\mu + 30)$$

nur dann ist folglich

$$a^2 + b^2 = 2\,ab\,\mathrm{Sin}\,(\mu + 30)$$

wenn $a = b$ und $\mu = 60^\circ$ ist, d. h. nur fürs gleichseitige Dreieck ist die größte Ellipse um dasselbe ein Kreis.

§. 82.

Aufgabe.

In einem gegebenen Dreieck die größte Ellipse zu bestimmen.

Auflösung.

Es sei ABC (Fig. 33) das gegebene Dreieck; $AB = a$; $AC = b$; $\angle A = \varphi$; man nehme AB als Abscissenlinie, A als Anfangspunkt der Abscissen, setze jede Abscisse $= x$ und die zugehörige mit AC parallele Ordinate der Ellipse $= y$; so ist die allgemeine Gleichung:

1) $1 + \alpha x + \beta y + \gamma x^2 + \delta xy + \varepsilon y^2 = 0$

und es sind nun die Coefficienten $\alpha, \beta, \gamma, \delta, \varepsilon$ denen 4 Bedingungen entsprechend, daß AB, AC, BC, Tangenten der Ellipse werden, und daß ihr Inhalt größtmöglichst sein soll, zu bestimmen. Sind D, E, F die Berührungspunkte der Ellipse mit den Seiten des Dreiecks, so ist für $x = AD$; der eine Werth von $y = 0$; und es muß also, für $y = 0$, sich nur ein Werth für x ergeben. Es ist aber für $y = 0$;

2) $1 + \alpha x + \gamma x^2 = 0$;

also, weil diese Gleichung für x nur einen Werth liefern kann, so entstehen die Bestimmungen

3) $\alpha^2 = 4\gamma$ und

4) $AD = -\frac{\alpha}{2\gamma} = -\frac{2}{\alpha}$.

Versteht man ferner AE unter y, so ist für dieses y, die Abscisse x = o; und es muß also die Gleichung 1) für x = o nur einen Werth für y, nemlich y = AE liefern. Es ist aber, für x = o; aus 1)

5) $1 + \beta \cdot y + \varepsilon \cdot y^2 = 0$

und hieraus, weil zu x = o nur eine Ordinate existirt,

6) $\beta^2 = 4\varepsilon$

7) $AE = -\frac{\beta}{2\varepsilon} = -\frac{2}{\beta}$.

Wenn nun im Allgemeinen, die Gleichung für jede gerade Linie durch $1 + px + qy = 0$ auszudrücken ist, so ist, für dieselbe Abscissenlinie, und denselben Ordinaten-Winkel φ, in Beziehung auf BC, weil für x = o; y = b und für x = a; y = o wird, die Gleichung:

8) $1 - \frac{1}{a}x - \frac{1}{b}y = 0$

und da nun BC und die elliptische Linie nur einen Punkt F gemeinschaftlich besitzen sollen, die gemeinschaftliche Abscisse zu F $= a - \frac{a}{b}y$, und daher muß, wenn dieser Werth für x in 1) gesetzt wird, sich aus ihr nur ein Werth für y nemlich die Ordinate zu F ergeben.

Es entsteht aber, wenn $a - \frac{a}{b}y$ für x in 1) gesetzt wird:

9) $[a^2\gamma - ab\delta + b^2\varepsilon]y^2 + [b^2\beta - ab\alpha - 2a^2b\gamma + ab^2\delta]y$
$+ b^2[a^2\gamma + a\alpha + 1] = 0$

und hieraus, weil diese Gleichung **nur einen Werth für** y liefern soll:

10) $[b^2\beta - ab\alpha - 2a^2b\gamma + ab^2\delta]^2 =$
$4.[\alpha^2\gamma - ab\delta + b^2\varepsilon][a^2\gamma + a\alpha + 1].b^2$

und dieses y, d. h. die Ordinate p zu F;

11) $= - \frac{b^2\beta - ab\alpha - 2a^2b\gamma + ab^2\delta}{2[a^2\gamma - ab\delta + b^2\varepsilon]}$.

Setzt man in 10) die Werthe aus 3) und 6) so erhält man

$[2b\beta + 2ab\delta - a\alpha(a\alpha + 2)]^2 = [a^2\alpha^2 - 4ab\delta + b^2\beta^2](a\alpha + 2)^2$

oder

$[2b\beta + 2ab\delta]^2 - 4a\alpha(a\alpha + 2)[b\beta + ab\delta] = (a\alpha + 2)^2[-4a\delta + b\beta^2]b,$

oder

$4b(\beta + a\delta)^2 = (a\alpha + 2)[(a\alpha + 2)[-4a\delta + b\beta^2] + 4a\alpha(\beta + a\delta)]$
$= (a\alpha + 2).[b\beta^2(a\alpha + 2) + 4a(\alpha\beta - 2\delta)]$

oder

$b[(2\beta + 2a\delta)^2 - (a\alpha\beta + 2\beta)^2] = 4a(a\alpha + 2)(\alpha\beta - 2\delta)$

oder auch:

$b[4\beta + 2a\delta + a\alpha\beta].a(2\delta - \alpha\beta) + 4a(a\alpha + 2)(2\delta - \alpha\beta) = 0;$

woraus, nach Division mit $a(2\delta - \alpha\beta)$ entsteht:

12) $\delta = - \frac{ab\alpha\beta + 8 + 4a\alpha + 4b\beta}{2ab}$,

und diesen Werth für δ, so wie die, für γ, ε in 11) gesetzt

13) $p = b \cdot \frac{2b\beta + 6a\alpha + a^2\alpha^2 + ab\alpha\beta + 8}{(a\alpha + b\beta)^2 + 8(2 + a\alpha + b\beta)}$.

Die zugehörige Absciffe q aber, aus

$$q = a - \frac{a}{b}p,$$ wird:

14) $q = a \cdot \frac{ab\alpha\beta + 2a\alpha + 6b\beta + 8 + b^2\beta^2}{(a\alpha + b\beta)^2 + 8(2 + a\alpha + b\beta)}$.

Zu Bestimmung des Inhalts P der Ellipse, sollen nun 2 coordinirte Achsen ausgemittelt werden.

Durch den Berührungspunkt E der Tangente AC mit der Ellipse, und den Mittelpunkt M derselben, denke man sich die Achse EH und durch H die Tangente HG, so ist HG parallel mit AC, und also muß, für $x =$ AG aus 1) sich nur ein Werth für y ergeben, welcher dann = GH ist. Es entspringt aber aus 1)

15) $\varepsilon y^2 + (\delta x + \beta) y + 1 + \alpha x + \gamma x^2 = 0$

und weil die beiden Werthe, welche hieraus für y entstehen, gleich groß sein müssen, so folgt

16) $(\delta x + \beta)^2 = 4\varepsilon [1 + \alpha x + \gamma x^2]$

und aus dieser Gleichung erhält man, wenn die Werthe für ε und γ substituirt werden,

17) $AG = - \frac{4\beta}{2\delta + \alpha\beta}$; ferner aus 15) das y zu diesem $x = AG$; nemlich

18) $GH = - 2 \cdot \frac{\alpha\beta - 2\delta}{\beta(\alpha\beta + 2\delta)}$; oder wenn auch der Werth für δ aus 12) subst. wird:

19) $AG = \frac{ab\beta}{2 + a\alpha + b\beta}$

20) $GH = \frac{ab\alpha\beta + 4 + 2a\alpha + 2b\beta}{\beta \cdot [2 + a\alpha + b\beta]}$.

Nun folgt leicht, die Abscisse AK, des Mittelpunktes M; nemlich

21) $AK = \frac{AG}{2} = - \frac{2\beta}{\alpha\beta + 2\delta} = \frac{ab\beta}{2[2 + a\alpha + b\beta]}$

und hiezu, aus 1) oder 15) die zugehörigen beiden Ordinaten KJ und KL;

$$= -\frac{\delta x+\beta}{2\varepsilon} \pm \sqrt{\left(\frac{\delta x+\beta}{2\varepsilon}\right)^2 - \frac{1+\alpha x+\gamma x^2}{\varepsilon}}$$

$$= \frac{-2(\delta x+\beta) \pm \sqrt{(2\delta-\alpha\beta)x[(2\delta+\alpha\beta)x+4\beta]}}{\beta^2}$$

folglich, AK unter x verstanden:

22) $KJ = \frac{-2(\delta x+\beta) + \sqrt{(2\delta-\alpha\beta)x[(2\delta+\alpha\beta)x+4\beta]}}{\beta^2}$

23) $KL = \frac{-2(\delta x+\beta) - \sqrt{(2\delta-\alpha\beta)x[(2\delta+\alpha\beta)x+4\beta]}}{\beta^2}$

oder, nach 21) $\frac{-2\beta}{\alpha\beta+2\delta}$ für $x =$ AK gesetzt:

24) $KJ = \frac{2}{\beta} \cdot \left[\frac{-\alpha\beta}{\alpha\beta+2\delta} + \sqrt{\frac{\alpha\beta-2\delta}{\alpha\beta+2\delta}}\right]$

25) $KL = \frac{2}{\beta} \cdot \left[\frac{-\alpha\beta}{\alpha\beta+2\delta} - \sqrt{\frac{\alpha\beta-2\delta}{\alpha\beta+2\delta}}\right]$

und hieraus

26) $LJ = KJ - KL = \frac{4}{\beta} \cdot \sqrt{\frac{\alpha\beta-2\delta}{\alpha\beta+2\delta}}$

27) $KM = \frac{KJ+KL}{2} = -\frac{2\alpha}{\alpha\beta+2\delta}$.

Bezeichnet man dann den Winkel, welchen die coordinirten Achsen LJ und EH bilden, durch μ, so ist

28) $EH \cdot \text{Sin}\,\mu = AG \cdot \text{Sin}\,\varphi$

oder, nach 17)

29) $EH \cdot \text{Sin}\,\mu = -\frac{4\beta}{\alpha\beta+2\delta} \cdot \text{Sin}\,\varphi$.

Es ist aber der Inhalt P der Ellipse $= \frac{1}{4}\pi \cdot LJ \cdot EH\,\text{Sin}\,\mu$ oder die Werthe für LJ und EH Sin μ aus 26) und 29) gesetzt:

30) $P = -4\pi\,\text{Sin}\,\varphi \cdot \sqrt{\frac{\alpha\beta-2\delta}{[\alpha\beta+2\delta]^3}}$.

Wird in diesen Ausdruck für δ sein Werth aus 12) eingeführt, so ergiebt sich

31) $P = -\frac{\pi a b \cdot \mathrm{Sin}\,\varphi}{\sqrt{2}} \cdot \sqrt{-\frac{a b \alpha \beta + 2(2 + a\alpha + b\beta)}{(2 + a\alpha + b\beta)^3}}$

und es kommt nun darauf an, die Werthe für α und β aufzufinden, für welche

32) $\psi(\alpha, \beta) = R = -\frac{a b \alpha \beta + 2(2 + a\alpha + b\beta)}{(2 + a\alpha + b\beta)^3}$

ein Max. wird.

Man erhält:

33) $\frac{dR}{d\alpha} = a \cdot \frac{3 a b \alpha \beta - [2 + a\alpha + b\beta][b\beta - 4]}{[2 + a\alpha + b\beta]^4}$;

34) $\frac{dR}{d\beta} = b \cdot \frac{3 a b \alpha \beta - [2 + a\alpha + b\beta][a\alpha - 4]}{[2 + a\alpha + b\beta]^4}$

und aus $\frac{dR}{d\alpha} = 0$ und $\frac{dR}{d\beta} = 0$ die beiden Gleichungen, zur Bestimmung von α und β, nemlich:

35) $3\, a b \alpha \beta = [2 + a\alpha + b\beta] \cdot [b\beta - 4]$

36) $3\, a b \alpha \beta = [2 + a\alpha + b\beta]\, [a\alpha - 4]$.

Der Quotient beider giebt

37) $a\alpha = b\beta$, und nun aus 35) oder 36) $\frac{a\alpha}{b}$ für β gesetzt;

38) $\alpha^2 + \frac{6}{a}\alpha + \frac{8}{a^2} = 0$.

Aus 38) folgt

39) $\alpha = -\frac{2}{a}$; oder $\alpha = -\frac{4}{a}$

und hierzu aus 37)

40) $\beta = -\frac{2}{b}$; oder $\beta = -\frac{4}{b}$.

Da nun, für $\alpha = -\frac{2}{a}$ und $\beta = -\frac{2}{b}$;

41) $\frac{d^2 R}{d\alpha^2} = +0$

42) $\frac{d^2 R}{d\beta^2} = +0$; und

43) $\frac{d^2R}{d\alpha^2} \cdot \frac{d^2R}{d\beta^2} - \left(\frac{d^2R}{d\alpha d\beta}\right)^2 = -\frac{a^2b^2}{64}$ wird, so ist, sofern $\alpha = -\frac{2}{a}$ und $\beta = -\frac{2}{b}$ kein Max. und kein Minimum.

Aber, für $\alpha = -\frac{4}{a}$ und $\beta = -\frac{4}{b}$ wird

44) $\frac{d^2R}{d\alpha^2} = -\frac{a^2}{18^2}$

45) $\frac{d^2R}{d\beta^2} = -\frac{b^2}{18^2}$ und

46) $\frac{d^2R}{d\alpha^2} \cdot \frac{d^2R}{d\beta^2} - \left[\frac{d^2R}{d\alpha d\beta}\right]^2 = \frac{a^2b^2}{6^6} \cdot [\frac{1}{9} - \frac{1}{9}]$, also noch nichts negatives, und daher ist, für $\alpha = -\frac{4}{a}$ und $\beta = -\frac{4}{b}$; R und also auch P ein Max.

Die Größe des Max. erhält man aus 31) wenn für α und β die Werthe gesetzt werden sogleich, nemlich

47) $P = -\frac{\pi a b \operatorname{Sin}\varphi}{\sqrt{2}} \cdot \left[\pm\sqrt{\frac{1}{54}}\right]$

wo der negative Werth der Wurzel offenbar der passende ist, so daß also

48) der Inhalt der größtmöglichsten Ellipse im Dreieck $= \frac{a b \pi \operatorname{Sin}\varphi}{6} \cdot \sqrt{\frac{1}{3}}$ ist.

49) Aus 47) erhellet auch, daß in allen Formeln, in welchen $\sqrt{\frac{\alpha\beta - 2\delta}{\alpha\beta + 2\delta}}$ vorkommt, der negative Werth dieser Wurzel genommen werden muß.

Um nun noch die Hauptachsen der gefundenen größten Ellipse zu bestimmen, so hat man zuvörderst

$EH^2 = AG^2 + (AE - GH)^2 - 2(AE - GH)AG \cdot \operatorname{Cos}\varphi$

oder, die Werthe aus 17) 7) 18) substituirt

$$50)\ EH = \frac{4}{\alpha\beta + 2\delta} \cdot \sqrt{\beta^2 + \left(\frac{2\delta}{\beta}\right)^2 - 4\delta \, \mathrm{Cos}\,\varphi}.$$

Es ist aber $\alpha = -\frac{4}{a}$; $\beta = -\frac{4}{b}$ und aus 12) $\delta = \frac{4}{ab}$; also

$$51)\ EH = \tfrac{1}{3} \cdot \sqrt{4a^2 + b^2 - 4ab\, \mathrm{Cos}\,\varphi}$$

welche Linie leicht zu construiren ist. Bezeichnet man nun die beiden Hauptachsen der Ellipse, die große mit g die kleine mit k, so hat man zu ihrer Bestimmung die bekannten beiden Gleichungen:

$$52)\ \tfrac{1}{4} g \cdot k \cdot \pi = \frac{ab\pi \, \mathrm{Sin}\,\varphi}{6} \cdot \sqrt{\tfrac{1}{3}} \text{ aus } 48)$$

und

$$53)\ g^2 + k^2 = LJ^2 + EH^2.$$

Setzt man für EH seinen Werth aus 51); für LJ^2 aber $\frac{1}{3} b^2$ aus 26) so entsteht

$$54) g = \tfrac{1}{3} \cdot \sqrt{2[a^2 + b^2 - ab\,\mathrm{Cos}\,\varphi + \sqrt{[a^2 + b^2 - ab\,\mathrm{Cos}\,\varphi]^2 - 3a^2b^2\,\mathrm{Sin}\,\varphi^2}]}$$

$$55) k = \tfrac{1}{3} \cdot \sqrt{2.[a^2 + b^2 - ab\,\mathrm{Cos}\,\varphi - \sqrt{(a^2 + b^2 - ab\,\mathrm{Cos}\,\varphi)^2 - 3a^2b^2\,\mathrm{Sin}\,\varphi^2}]}.$$

Will man die Relation zwischen a, b und φ haben, für welche die größte Ellipse in diesem Dreieck ein Kreis ist, so hat man die Bedingungs-Gleichung

$$56)\ g = k \text{ und aus ihr}$$

$$57)\ [a^2 + b^2 - ab\,\mathrm{Cos}\,\varphi]^2 = 3a^2b^2\,\mathrm{Sin}\,\varphi^2,$$

woraus folgt

$$58)\ b = a\,[\mathrm{Cos}\,(60 - \varphi) \pm \mathrm{Sin}\,(60 \quad \varphi) \cdot \sqrt{-1}].$$

Aus 58) erhellet, daß **einzig nur im gleichseitigen Dreieck die größte Ellipse ein Kreis ist.**

Man hat also, wenn die Resultate für die größte Ellipse in einem gegebenen Dreieck zusammengestellt werden:

1) die Gleichung

$a^2b^2 - 4ab^2x - 4a^2by + 4b^2x^2 + 4abxy + 4a^2y^2 = 0$

2) $AD = \frac{a}{2}$;

3) $AE = \frac{b}{2}$

4) die Abscisse q zu $F = \frac{a}{2}$.

5) die Ordinate p zu $F = \frac{b}{2}$

6) $AG = \frac{2}{3}a$

7) $GH = \frac{1}{6}b$

8) $AK = \frac{1}{3}a$

9) $LJ = b \cdot \sqrt{\frac{1}{3}}$

10) $KM = \frac{1}{3}b$

11) $EH = \frac{1}{3} \cdot \sqrt{4a^2 + b^2 - 4ab\,\mathrm{Cos}\,\varphi}$

12) der Inhalt der größten Ellipse

$$= \frac{1}{6}ab\pi\,\mathrm{Sin}\,\varphi \cdot \sqrt{\frac{1}{3}}$$

13) und 14) die beiden Hauptachsen in 54) und 55)

§. 83.

Aufgabe.

In einem gegebenen Viereck, die größte, so wie auch die kleinste Ellipse zu bestimmen.

Auflösung.

Es sei CDEF (Fig. 34) das gegebene Viereck; CF und DE schneiden sich in H; CD und FE in G; als gegeben betrachte man $CF = a$; $CD = b$; $\angle C$

$= \varphi$; $CH = c$; $CG = e$. Man nehme CH als Abscissenlinie, C als Anfangspunkt der Abscissen, φ als Coordinaten-Winkel, jede Abscisse sei durch x, die zugehörigen Ordinaten durch y ausgedrückt, so ist die zu bestimmende Gleichung:

1) $1 + \alpha x + \beta y + \gamma x^2 + \delta xy + \varepsilon y^2 = 0$

und es sind die 5 unbekannten Grössen α, β, γ, δ, ε denen fünf Bedingungen: „daß die 4 Seiten des Vier„ecks Tangenten der Ellipse, und daß der Inhalt der„selben ein Max. oder Min. werden soll", entsprechend zu bestimmen.

Bezeichnet T den Berührungspunct der Linie CF und der Ellipse, und man versteht CT unter x, so ist die eine zugehörige Ordinate $= 0$, und für dieses x und y verwandelt sich 1) in

2) $1 + \alpha x + \gamma x^2 = 0$.

Diese Gleichung muß aber nur einen Werth für x, nemlich den CT liefern, und es muß daher

3) $\alpha^2 = 4\gamma$; also

4) $CT = -\frac{2}{\alpha}$ sein.

Ist ferner P der Berührungspunct in CD, so muß $y = CP$ werden, wenn man $x = 0$ setzt. Hiernach verwandelt sich 1) CP unter y verstanden, in

5) $1 + \beta \cdot y + \varepsilon y^2 = 0$

und weil auch diese Gleichung nur einen Werth für y liefern muß, so hat man

6) $\beta^2 = 4\varepsilon$ also

7) $CP = -\frac{2}{\beta}$.

Setzt man die Resultate in 3) und 6) in die Gleichung 1) so ist, den ersten 2 Bedingungen, daß CF und CD Tangenten der Ellipse werden sollen, entsprechend, die Gleichung für dieselbe:

8) $4 + 4\alpha x + 4\beta y + \alpha^2 x^2 + 4\delta x y + \beta^2 y^2 = 0.$

Nun ist aber (wie in §. 82. zu bestimmen) die Gleichung für die gerade Linie DH, dieselbe Abscissenlinie, und denselben Coordinatenwinkel, wie für die Ellipse verstanden,

9) $bc = bx + cy.$

Versteht man nun in beiden Gleichungen 8) und 9) unter x die Abscisse des Berührungspunktes Q der geraden Linie DE mit der Ellipse, so muß für diesen Werth von x, nemlich für $x = c \cdot \frac{b-y}{b}$ nur ein Werth von y statt finden. Es entsteht aber, wenn $c\,\frac{b-y}{b}$ für x in 8) gesetzt wird, eine Gleichung von der Form $A + By + Cy^2 = 0$ und in ihr muß, weil sie nur einen Werth für y liefern kann,

10) $B^2 = 4AC$ sein.

Setzt man die Werthe für A, B, C, so entsteht aus 10) die Bedingungs-Gleichung:

11) $[2\alpha c + \alpha^2 c^2 - 2bc\delta - 2b\beta]^2 = [2 + \alpha c]^2 [b^2\beta^2 + \alpha^2 c^2 - 4bc\delta];$

oder, gehörig reducirt, und dann mit $bc\,[2\delta - \alpha\beta]$ dividirt

12) $bc\,[2\delta + \alpha\beta] + 8 + 4b\beta + 4c\alpha = 0.$

Ganz eben so erhält man, in Beziehung auf den Berührungspunkt R der geraden Linie FG, deren Gleichung

13) $ae = ex + ay$ ist, die Bedingungs-Gleichung:

14) $ae\,[2\delta + \alpha\beta] + 8 + 4\,e\beta + 4\,a\alpha = 0$
und nun aus 12) und 14)

15) $\alpha = \frac{2[bc - ae] + be[c - a]\beta}{ac(e - b)}$

16) $\delta = -\frac{8(c - a) + 2[c(2c + b) - a(c + 2b)]\beta + (c - a)be.\beta^2}{2ac.[e - b]}$,

und es sind nun durch die Formeln 3) 6) 15) und 16) die Coefficienten α, γ, ∂, ε als Functionen von β ausgedrückt, so daß nun blos noch β der Bedingung gemäß, „daß der Inhalt der ellipt. Ebene ein Max. oder „Min. werden soll," zu bestimmen bleibt.

Denkt man sich zu dem Ende, WV parallel mit CP, als die letzte Ordinate der Ellipse, CW also als die zugehörige Abscisse, so muß, CW unter x verstanden, die Gleichung für die Ellipse für dieses x nur einen Werth von y, nemlich den der Tangente WV liefern. Es ist aber aus 8)

17) $\beta^2 y^2 + 4\,(\delta x + \beta)\,y + (2 + \alpha x)^2 = 0$
und also, für CW = x, nothwendig

18) $16\,(\delta x + \beta)^2 = 4\,\beta^2\,(2 + \alpha x)^2$; oder

19) $2\,(\delta x + \beta) = \pm\,\beta\,(2 + \alpha x)$
woraus, weil nur das untere Zeichen hier gelten kann, indem das obere, einen Widerspruch gegen 15) und 16) liefert,

20) $x = CW = -\frac{4\beta}{2\delta + \alpha\beta}$ hervorgeht.

Die gerade Verbindungslinie PV der Puncte P und V geht nun durch den Mittelpunkt M der Ellipse, und die Abscisse des Mittelpuncts M, nemlich CZ ist $= \frac{1}{2}$ CW; d. h.

21) $CZ = -\frac{2\beta}{2\delta + \alpha\beta}$.

Wird dieser Werth von CZ in 17) für x geschrieben, so entsteht

22) $y = \frac{-2\alpha\beta \pm 2\sqrt{\alpha^2\beta^2 - 4\delta^2}}{\beta(\alpha\beta + 2\delta)}$

und folglich ist:

23) $ZA = \frac{-2\alpha\beta - 2\sqrt{\alpha^3\beta^2 - 4\delta^2}}{\beta(\alpha\beta + 2\delta)}$; und

24) $ZB = \frac{-2\alpha\beta + 2\sqrt{\alpha^2\beta^2 - 4\delta^2}}{\beta(\alpha\beta^2 + 2\delta)}$.

Aus 23) und 24) ergiebt sich nun sogleich:

25) $AB = \frac{4}{\beta} \cdot \sqrt{\frac{\alpha\beta - 2\delta}{\alpha\beta + 2\delta}}$;

und dann der Inhalt der Ellipse, oder

26) $F = \frac{1}{4}\pi \,.\, AB \,.\, PV \text{ Sin } CPV.$

Es ist aber

27) $PV \text{ Sin } CPV = CW \,.\, \text{Sin } \varphi$; also, wenn die Werthe für AB und CW gesetzt werden

28) $F = -4\pi \text{ Sin } \varphi \cdot \sqrt{\frac{\alpha\beta - 2\delta}{(\alpha\beta + 2\delta)^3}}$.

Setzt man in diesen Ausdruck, die Formeln für α und δ aus 15) und 16) so entsteht

29) $F = -\frac{\pi a c(e - b) \text{ Sin } \varphi}{2} \cdot \sqrt{c - a} \cdot \sqrt{\frac{4 + 2(b + e)\beta + be\beta^2}{[-2(c - a) † (ba - ce)\beta]^3}}$

und es kommt nun noch darauf an, den Werth für β zu finden, welcher

30) $f\beta = \frac{4 + 2(b + e)\beta + be\beta^2}{[-2(c - a) + (ba - ce)\beta]^3}$

zu einem Max. oder Min. macht.

Es entsteht:

31) $df\beta = \frac{be(ce - ab)\beta^2 + 4(ce^2 - ab^2)\beta - 4[(2a † c)b - (a † 2e)e]}{[-2(c - a) + (ab - co)\beta]^4}$

und aus $df\beta = o$ findet man:

$$32)\ \beta = 2 \cdot \frac{-ce^2 + ab^2 \pm (e-b)\sqrt{c^2e^2 + a^2b^2 - abce}}{be(ce-ab)}.$$

Für diesen in 32) dargestellten Werth des β hat man dann:

$$33)\ d^2 f\beta = \pm (e-b) \cdot \frac{\sqrt{c^2e^2 + a^2b^2 - abce}}{[-2(c-a) + (ab-ce)\beta]^4}$$

und es ist also F ein Max. für

$$34)\ \beta = 2 \cdot \frac{ab^2 - ce^2 - (e-b)\sqrt{c^2e^2 + a^2b^2 - abce}}{be(ce-ab)}$$

und F ein Min. für

$$35)\ \beta = 2 \cdot \frac{ab^2 - ce^2 + (e-b)\sqrt{c^2e^2 + a^2b^2 - abce}}{be(ce-ab)}.$$

Es springt aus der Natur der Aufgabe leicht ins Auge, daß nur dann Ellipsen im Viereck, den Bedingungen entsprechend, sich ergeben, wenn

36) α negativ ist: (siehe 5)

37) β negativ ist: (siehe 7)

38) $2\delta + \alpha\beta$ positiv ist: (siehe 20) und 21)

und also

39) $\sqrt{\frac{\alpha\beta - 2\delta}{\alpha\beta + 2\delta}}$ negativ genommen wird (siehe 25).

Auch muß sich, in absoluter Größe

40) $\alpha\beta > 2\delta$;

41) $\frac{2}{\alpha} < a$; und

42) $\frac{2}{\beta} < b$ ergeben.

Nimmt man den negativen Werth von $\sqrt{\frac{\alpha\beta - 2\delta}{\alpha\beta + 2\delta}}$, in 28) oder 29) substituirt zugleich die Werthe für β aus 34) und 35) und setzt r für den absoluten Werth von $\sqrt{c^2e^2 + a^2b^2 - abce}$, so erhält man, für den Werth von β in 34) d. h. fürs Max.

$$43)\quad F = \frac{(e-b)\pi \operatorname{Sin}\varphi}{6(ce-ab)}\sqrt{\frac{c-a}{3(e-b)}\left[[ab+ce][2ce-ab][2ab-ce]+2r^3\right]}.$$

Fürs Min. aber, d. h. für den Werth von β aus 35) entsteht

$$44)\quad F = \frac{(e-b)\pi \operatorname{Sin}\varphi}{6(ce-ab)}\sqrt{\frac{c-a}{3(e-b)}[(ab+ce)(2ce-ab)(2ab-ce)-2r^3]}.$$

Wird das Product

$(ab + ce)(2ce - ab)(2ab - ce)$ durch p ausgedrückt, so findet, vermöge 43) nur dann ein Max. statt, wenn

p positiv, d. h. $2ab > ce$ ist, und auch, wenn
p negativ, d. h. $2ab < ce$, zugleich aber
$2r^3 > p$; d. h. $a^2b^2 + c^2e^2 > 2abce$ ist.

Da nun für alle Werthe, welche a, b, c, e haben mögen, $a^2b^2 + c^2e^2$ allemal $> 2abce$ ist, so ergiebt sich also immer ein Max., mag 2ab größer, kleiner, oder gleich ce sein.

Ein Min. kann der Ausdruck 44) nur liefern, wenn p positiv, und zugleich $p > 2r^3$; d. h. $2abce > a^2b^2 + c^2e^2$ ist. Es kann aber 2abce nie größer wie $a^2b^2 + c^2c^2$ sein, und folglich giebt es kein Viereck, in welchem eine kleinste Ellipse statt findet, man müßte denn die Diagonalen des Vierecks als die kleinsten Ellipsen betrachten wollen.

§. 84.

Aufgabe.

Es ist der Umfang eines Vierecks gegeben; die Seiten und Winkel der Bedingung gemäß zu bestimmen, daß der Inhalt desselben ein Max. werde.

Auflösung.

Der gegebene Umfang sei $= 4a$; die gesuchten

Seiten x, y, v, z; der von x und y eingeschlossene Winkel $= \varrho$; der von v und z eingeschlossene $= \mu$; so sind die beiden Bedingungs-Gleichungen:

1) $x + y + v + z = 4a$;

2) $x^2 + y^2 - 2xy \operatorname{Cos} \varrho = z^2 + v^2 - 2zv \operatorname{Cos} \mu$

und von den 6 Variabeln sind also viere als unveränderlich; die übrigen beiden als abhängig variabel zu betrachten. Man nehme y, μ, ϱ, z für die Urvariablen, so folgt aus 1)

$$3) \frac{dv}{dy} + \frac{dx}{dy} = -1,$$

$$\frac{dv}{d\mu} + \frac{dx}{d\mu} = 0;$$

$$\frac{dv}{d\varrho} + \frac{dx}{d\varrho} = 0;$$

$$\frac{dv}{dz} + \frac{dx}{dz} = 0;$$

und aus 2) erhält man:

$$4) \; x.\frac{dx}{dy} + y - x\operatorname{Cos}\varrho - y\operatorname{Cos}\varrho.\frac{dx}{dy} = v.\frac{dv}{dy} - z\operatorname{Cos}\mu.\frac{dv}{dy};$$

$$x.\frac{dx}{d\mu} - y\operatorname{Cos}\varrho.\frac{dx}{d\mu} = v.\frac{dv}{d\mu} - z\operatorname{Cos}\mu\frac{dv}{d\mu} + zv\operatorname{Sin}\mu,$$

$$x.\frac{dx}{d\varrho} + xy\operatorname{Sin}\varrho - y\operatorname{Cos}\varrho.\frac{dx}{d\varrho} = v.\frac{dv}{d\varrho} - z\operatorname{Cos}\mu.\frac{dv}{d\varrho};$$

$$x.\frac{dx}{dz} - y\operatorname{Cos}\varrho\frac{dx}{dz} = z + v\frac{dv}{dz} - v\operatorname{Cos}\mu - z\operatorname{Cos}\mu\frac{dv}{dz}.$$

Aus diesen acht Gleichungen ergeben sich:

$$5) \frac{dv}{dy} = \frac{(y-x)(1+\operatorname{Cos}\varrho)}{v+x-y\operatorname{Cos}\varrho - z\operatorname{Cos}\mu};$$

$$\frac{dx}{dy} = \frac{z\operatorname{Cos}\mu + x\operatorname{Cos}\varrho - v - y}{v+x-y\operatorname{Cos}\varrho - z\operatorname{Cos}\mu};$$

$$\frac{dv}{d\mu} = -\frac{vz\operatorname{Sin}\mu}{v+x-y\operatorname{Cos}\varrho - z\operatorname{Cos}\mu};$$

$$\frac{dx}{d\mu} = \frac{vz \, Sin\,\mu}{v+x-y\,Cos\,\varrho - z\,Cos\,\mu};$$

$$\frac{dv}{d\varrho} = \frac{xy\,Sin\,\varrho}{v+x-y\,Cos\,\varrho - z\,Cos\,\mu};$$

$$\frac{dx}{d\varrho} = -\frac{xy\,Sin\,\varrho}{v+x-y\,Cos\,\varrho - z\,Cos\,\mu};$$

$$\frac{dv}{dz} = \frac{y\,Cos\,\varrho + v\,Cos\,\mu - x - z}{v+x-y\,Cos\,\varrho - z\,Cos\,\mu};$$

$$\frac{dx}{dz} = \frac{(z-v)(1+Cos\,\mu)}{v+x-y\,Cos\,\varrho - z\,Cos\,\mu}.$$

Es ist aber der Inhalt des Vierecks

$$= \tfrac{1}{2}\,[xy\,Sin\,\varrho + zv\,Sin\,\mu];$$

und setzt man

6) $u = xy\,Sin\,\varrho + vz\,Sin\,\mu$, so ist:

7) $\frac{du}{dy} = x\,Sin\varrho + y\,Sin\varrho\frac{dx}{dy} + z\,Sin\,\mu.\frac{dv}{dy}$;

$\frac{du}{d\mu} = y\,Sin\varrho\frac{dx}{d\mu} + zv\,Cos\,\mu + z\,Sin\,\mu.\frac{dv}{d\mu}$;

$\frac{du}{d\varrho} = xy\,Cos\varrho + y\,Sin\varrho\frac{dx}{d\varrho} + z\,Sin\,\mu.\frac{dv}{d\varrho}$;

$\frac{du}{dz} = y\,Sin\varrho\frac{dx}{dz} + v\,Sin\mu + z\,Sin\,\mu.\frac{dv}{dz}$.

Werden in diesen 4 Formeln, die Werthe aus 5 substituirt, und dann diese 4 ersten Ableitungen $= 0$ gesetzt, so entstehen folgende vier Gleichungen:

8) $(x-y)\Big[(x+y+v)Sin\varrho - z[Sin(\varrho+\mu)+Sin\mu]\Big]=0$;

9) $[ySin\varrho - zSin\mu]Sin\mu + [v+x-yCos\varrho-zCos\mu]Cos\mu = 0$;

10) $-[ySin\varrho - zSin\mu]Sin\varrho + [v+x-yCos\varrho-zCos\mu]Cos\varrho = 0$;

11) $(v-z)\Big[(x+z+v)Sin\mu - y[Sin(\varrho+\mu)+Sin\varrho]\Big]=0$.

Der Quotient von 9) und 10) liefert

12) $Sin\,(\varrho+\mu) = 0$; also $\varrho + u = \pi$

und setzt man dieß Resultat in 8) und 11) so entsteht aus 8)

13) $(x - y)\,[x + y + v - z]\,\mathrm{Sin}\,\varrho = 0$

aus 11) aber wird

14) $(v - z)\,[x + z + v - y]\,\mathrm{Sin}\,\varrho = 0.$

Nun kann aber, sowohl in 13) als in 14) weder der 2te noch der 3te Factor = Null werden, und es muß also

$x - y = 0$ und auch $v - z = 0$; d. h.

15) $y = x$ und $v = z$ sein.

Aus 9) oder auch aus 10) erhält man dann, wenn die Resultate aus 12) und 15) substituirt werden

16) $[x\,\mathrm{Sin}\varrho - z\,\mathrm{Sin}\varrho]\,\mathrm{Sin}\varrho = [z + x - x\mathrm{Cos}\varrho + z\mathrm{Cos}\varrho]\,\mathrm{Cos}\varrho$

und hieraus

17) $z = \frac{1 - \mathrm{Cos}\,\varrho}{1 + \mathrm{Cos}\,\varrho} \cdot x$; folglich auch

$v = \frac{1 - \mathrm{Cos}\,\varrho}{1 + \mathrm{Cos}\,\varrho} \cdot x.$

Setzt man jetzt die Werthe für y, z, v aus 15) und 17) in 1) so findet sich sogleich

18) $x = (1 + \mathrm{Cos}\,\varrho) \cdot a$; und dann auch

$y = (1 + \mathrm{Cos}\,\varrho) \cdot a;$

$z = (1 - \mathrm{Cos}\,\varrho) \cdot a;$

$v = (1 - \mathrm{Cos}\,\varrho) \cdot a.$

Diese 4 Ausdrücke in 2) substituirt, geben

$$(1 + \mathrm{Cos}\,\varrho)^2\,(1 - \mathrm{Cos}\,\varrho) = (1 - \mathrm{Cos}\,\varrho)^2\,(1 + \mathrm{Cos}\,\varrho)$$

folglich, weil $\mathrm{Cos}\,\varrho$ nicht $= 1$; d. h. ϱ nicht gleich 0; und auch nicht $= -1$; d. h. ϱ nicht $= \pi$ oder 180° sein kann

19) $1 + \mathrm{Cos}\,\varrho = 1 - \mathrm{Cos}\,\varrho$

und hieraus

20) $\operatorname{Cos} \varrho = 0$; d. h. $\varrho = \frac{1}{2} \pi$ oder 90.

Das Quadrat erfüllt daher die Forderung der Aufgabe.

Die theoretische Untersuchung, daß ein Max. gefunden ist, wird hier etwas ermüdend, und wird weggelassen, da die Wahrheit bekannt ist.

§. 85.

Aufgabe.

Es sind alle Seiten eines n Ecks gegeben; man soll die Winkel so bestimmen, daß der Inhalt ein Max. werde.

Auflösung.

I. Fürs Viereck.

Bei den in Fig. 35 angedeuteten Bezeichnungen, hat man die Bedingungs-Gleichung:

1) $a^2 + b^2 - 2\,ab \operatorname{Cos} x = c^2 + e^2 - 2\,ce \,.\, \operatorname{Cos} y$

und hieraus

2) $\frac{dy}{dx} = \frac{ab \operatorname{Sin} x}{ce \operatorname{Sin} y}$.

Es ist aber der Inhalt des Vierecks

$= \frac{1}{2} ab \operatorname{Sin} x + \frac{1}{2} ce \operatorname{Sin} y$; also

$u = ab \operatorname{Sin} x + ce \operatorname{Sin} y$ gesetzt,

3) $\frac{du}{dx} = ab \operatorname{Cos} x + ce \operatorname{Cos} y \,.\, \frac{dy}{dx}$

$= ab \operatorname{Cos} x + ab \frac{\operatorname{Sin} x \operatorname{Cos} y}{\operatorname{Sin} y}$.

Aus $\frac{du}{dx} = 0$ folgt nun sogleich

4) $\operatorname{Sin}(x + y) = 0$; d. h. $x + y = \pi$. Das Viereck im Kreis genügt daher der Aufgabe.

II. Fürs Fünfeck.

Bei den in Fig. 36. angezeigten Bedeutungen der Buchstaben, hat man die Bedingungs-Gleichungen:

1) $a^2 + h^2 - 2ah\,\mathrm{Cos}\,x = b^2 + u^2 - 2bu\,\mathrm{Cos}\,y$

2) $u^2 = c^2 + e^2 - 2ce\,\mathrm{Cos}\,z.$

Nimmt man nun x und y als die unabhängig Veränderlichen an, so folgt aus 2)

3) $\frac{dz}{du} = \frac{u}{ce\,\mathrm{Sin}\,z}$; aus 1) aber erhält man

4) $\frac{du}{dx} = \frac{ah\,\mathrm{Sin}\,x}{u - b\,\mathrm{Cos}\,y}$;

$\frac{du}{dy} = -\frac{bu\,\mathrm{Sin}\,y}{u - b\,\mathrm{Cos}\,y}$; und folglich ist

5) $\frac{dz}{dx} = \frac{dz}{du} \cdot \frac{du}{dx} = \frac{ahu\,\mathrm{Sin}\,x}{ce\,\mathrm{Sin}\,z\,(u - b\,\mathrm{Cos}\,y)}$;

6) $\frac{dz}{dy} = \frac{dz}{du} \cdot \frac{du}{dy} = -\frac{bu^2\,\mathrm{Sin}\,y}{ce\,\mathrm{Sin}\,z\,(u - b\,\mathrm{Cos}\,y)}.$

Es ist aber der Inhalt des Fünfecks

$= \frac{1}{2}ah\,\mathrm{Sin}\,x + \frac{1}{2}bu\,\mathrm{Sin}\,y + \frac{1}{2}ce\,\mathrm{Sin}\,z$;

also

$P = ah\,\mathrm{Sin}\,x + bu\,\mathrm{Sin}\,y + ce\,\mathrm{Sin}\,z$ gesetzt;

7) $\frac{dP}{dx} = ah\,\mathrm{Cos}\,x + b\,\mathrm{Sin}\,y \cdot \frac{du}{dx} + ce\,\mathrm{Cos}\,z \cdot \frac{dz}{dx}$;

8) $\frac{dP}{dy} = bu\,\mathrm{Cos}\,y + b\,\mathrm{Sin}\,y \cdot \frac{du}{dy} + ce\,\mathrm{Cos}\,z \cdot \frac{dz}{dy}.$

Setzt man sowohl 7) als 8) gleich Null, nachdem vorher die Werthe aus 4) 5) und 6) substituirt sind, so ergeben sich die beiden Gleichungen:

9) $\mathrm{Cos}\,x\,\mathrm{Sin}\,z\,(u - b\,\mathrm{Cos}\,y) + b\,\mathrm{Sin}\,x\,\mathrm{Sin}\,y\,\mathrm{Sin}\,z + u\,\mathrm{Sin}\,x\,\mathrm{Cos}\,z = 0$

10) $\mathrm{Sin}\,z\,\mathrm{Cos}\,y\,(u - b\,\mathrm{Cos}\,y) - b\,\mathrm{Sin}\,y^2\,\mathrm{Sin}\,z - u\,\mathrm{Sin}\,y\,\mathrm{Cos}\,z = 0$

und der Quotient beider giebt sogleich

11) $\frac{\text{Cos}\,x}{\text{Cos}\,y} = \frac{-\text{Sin}\,x}{\text{Sin}\,y}$ woraus

12) $x + y = \pi$ folgt.

Da nun, wenn statt der Diagonale u eine andere gewählt worden wäre, in Beziehung auf die zugehörigen Winkel dieselben Gesetze sich ergeben haben würden, so erhellet, daß das **Fünfeck im Kreis das Verlangte ist.**

III. **Fürs Sechseck.**

Bei der Bezeichnung in Fig. 37 hat man die Bedingungs-Gleichungen:

1) $u^2 = h^2 + k^2 - 2\,hk\,\text{Cos}\,w;$

2) $v^2 = e^2 + u^2 - 2\,eu\,\text{Cos}\,z;$

3) $a^2 + b^2 - 2ab\,\text{Cos}\,x = c^2 + v^2 - 2cv\,\text{Cos}\,y.$

Wählt man nun x, y und z als die unabhängig Variablen, so hat man

4) $\frac{dw}{du} = \frac{u}{hk\,\text{Sin}\,w};$ aus 1)

5) $\frac{du}{dz} = \frac{eu\,\text{Sin}\,z}{e\,\text{Cos}\,z - u};$ aus 2)

6) $\frac{dv}{dz} = \frac{eu\,\text{Sin}\,z}{v};$ aus 2)

7) $\frac{du}{dv} = \frac{v}{u - e\,\text{Cos}\,z};$ aus 2)

8) $\frac{dv}{dx} = \frac{ab\,\text{Sin}\,x}{v - c\,\text{Cos}\,y};$ aus 3)

9) $\frac{dv}{dy} = -\frac{cv\,\text{Sin}\,y}{v - c\,\text{Cos}\,y};$ aus 3)

also

10) $\frac{dw}{dx} = \frac{dw}{du} \cdot \frac{du}{dv} \cdot \frac{dv}{dx} = \frac{abuv\,\text{Sin}\,x}{hk\,\text{Sin}\,w\,(u - e\,\text{Cos}\,z)(v - c\,\text{Cos}\,y)};$

11) $\frac{dw}{dy} = \frac{dw}{du} \cdot \frac{du}{dv} \cdot \frac{dv}{dy} = \frac{cuv^2 \operatorname{Sin} y}{hk \operatorname{Sin} w (u - e \operatorname{Cos} z)(c \operatorname{Cos} y - v)}$;

12) $\frac{dw}{dz} = \frac{dw}{du} \cdot \frac{du}{dz} = \frac{eu^2 \operatorname{Sin} z}{hk \operatorname{Sin} w (e \operatorname{Cos} z - u)}$

13) $\frac{du}{dx} = \frac{du}{dv} \cdot \frac{dv}{dx} = \frac{abv \operatorname{Sin} x}{(u - e \operatorname{Cos} z)(v - c \operatorname{Cos} y)}$

14) $\frac{du}{dy} = \frac{du}{dv} \cdot \frac{dv}{dy} = \frac{cv^2 \operatorname{Sin} y}{(u - e \operatorname{Cos} z)(c \operatorname{Cos} y - v)}$

15) $\frac{du}{dz} = \frac{eu \operatorname{Sin} z}{e \operatorname{Cos} z - u}$

16) $\frac{dv}{dx} = \frac{ab \operatorname{Sin} x}{v - c \operatorname{Cos} y}$

17) $\frac{dv}{dy} = \frac{cv \operatorname{Sin} y}{c \operatorname{Cos} y - v}$

18) $\frac{dv}{dz} = \frac{eu \operatorname{Sin} z}{v}$

Nun ist aber, den Inhalt des Sechsecks $= \frac{P}{2}$ gesetzt;

19) $P = ab \operatorname{Sin} x + cv \operatorname{Sin} y + eu \operatorname{Sin} z + hk \operatorname{Sin} w$, und hieraus

20) $\frac{dP}{dx} = ab \operatorname{Cos} x + c \operatorname{Sin} y \cdot \frac{dv}{dx} + e \operatorname{Sin} z \cdot \frac{du}{dx} + hk \operatorname{Cos} w \cdot \frac{dw}{dx}$

21) $\frac{dP}{dy} = cv \operatorname{Cos} y + c \operatorname{Sin} y \frac{dv}{dy} + e \operatorname{Sin} z \cdot \frac{du}{dy} + hk \operatorname{Cos} w \cdot \frac{dw}{dy}$

22) $\frac{dP}{dz} = c \operatorname{Sin} y \cdot \frac{dv}{dz} + eu \operatorname{Cos} z + e \operatorname{Sin} z \cdot \frac{du}{dz} + hk \operatorname{Cos} w \frac{dw}{dz}$.

Werden nun in die 3 letzten Ausdrücke die Werthe aus 10) bis 18) substituirt, und dann jeder gleich Null gesetzt, so ergeben sich die 3 Gleichungen:

23) $(v - c \operatorname{Cos} y)(u - e \operatorname{Cos} z) \operatorname{Cos} x + c \operatorname{Sin} x \operatorname{Sin} y (u - e \operatorname{Cos} z)$
$+ ve \operatorname{Sin} x \operatorname{Sin} z + uv \operatorname{Sin} x \operatorname{Cotg} w = 0$;

24) $(v - c \operatorname{Cos} y)(u - e \operatorname{Cos} z) \operatorname{Cos} y - c \operatorname{Sin} y^2 (u - e \operatorname{Cos} z)$
$- ve \operatorname{Sin} z \operatorname{Sin} y - uv \operatorname{Sin} y \operatorname{Cotg} w = 0$;

25) $(u - e \operatorname{Cos} z)\, v \operatorname{Cos} z + c \operatorname{Sin} z \operatorname{Sin} y\, (u - e \operatorname{Cos} z)$
$$v\, e \operatorname{Sin} z^2 - u\, v \operatorname{Sin} z \,.\, \operatorname{Cotg} w = 0.$$

Es liefert aber der Quotient von 23) und 24) sogleich

$$\frac{\operatorname{Cos} x}{\operatorname{Cos} y} = - \frac{\operatorname{Sin} x}{\operatorname{Sin} y}$$

oder $x + y = \pi$, und hieraus erhellet schon, ohne daß es nöthig ist, die Arbeit fortzusetzen, so wie in II., daß das Sechseck im Kreise das Verlangte ist.

Folgende mathematische und bauwissenschaftliche Bücher sind bei G. Reimer erschienen, und für beigesetzte Preise in allen Buchhandlungen zu haben.

Crelle, A. L., Versuch einer allgemeinen Theorie der analytischen Facultäten gr. 8. 1823. 2 rthl.

— — Theorie des Windstoßes gr. 4. 1802. 10 gr.

Diesterweg, die Bücher des Apollonius von Perge de inclinationibus gr. 8. 1823. 2 rthl.

Eytelwein, J. A., praktische Anweisung zur Wasserbaukunst. 1s Heft: Von Pfählen, Rammen und Fangdämmen, mit 14 Kupf. in Fol. 2. verb. Aufl. gr. 4. 1809. 3 rthl. 8 gr.

— — 2s Heft: Von den Maschinen zum Ausschöpfen des Wassers aus dem Grundbaue, m. 14 Kupf. in Fol. 2te Aufl. 1807. 3 rthl. 8 gr.

— — 3s Heft: Von Bollwerken, Freiarchen u. s. w. mit 8 Kupf. 2te Aufl. 1820. 3 rthl. 8 gr.

— — 4s Heft: Bau der Schifffahrtsschleusen, mit 11 Kupf. 3 rthl. 8 gr.

— — Bemerkungen über den Stoßheber, mit 3 Kupf. in Fol. gr. 4. 1805. 1 rthl. 16 gr.

— — praktische Anweisung zur Construktion der Faschinenwerke, mit 8 Kupf. in Fol. 2te Aufl. gr. 4. 1817. 2 rthl. 16 gr.

— — Handbuch der Statik der festen Körper, mit besonderer Rücksicht auf Architektur, 3 Bde., mit 22 Kupf. in Fol. gr. 8. 1808. 7 rthl. 12 gr.

— — Handbuch der Perspektive, 2 Thle. mit 18 Kupf. in Fol. gr. 4. 1810. 5 rthl. 8 gr.

— — Vergleichung der Maaße und Gewichte in Preußen u. s. w. 2te umgearb. Aufl. gr. 8. 1810. 18 gr. Nachtrag gr. 8. 1817. 3 gr. 21 gr.

Forstner, A. v., Sammlung mathematischer Aufgaben gr. 8. 1819. mit 1 Kupf. 12 gr.

— — Lehrgebäude der Mathematik, 1r Bd. 1r Thl. Lehrbuch der niedern Arithmetik gr. 8. 1820. 3 rthl.

— — 2r Bd. 2r Thl. Geometrie mit Kupf. 3 rthl. 12 gr.

Gilly, über Gründung der Gebäude auf ausgemauerte Brunnen, mit illum. Kupf. gr. 4. 1804. 16 gr.

— — und Eytelweins kurze Anleitung zur Anlegung von Blitzableitern, 3te Aufl. mit 3 illum. Kupf. gr. 8. 1819. 16 gr.

Hirt, A., die Baukunst, nach den Grundsätzen der Alten, mit 50 Kupf. gr. Royfol. 1809. 24 rthl.

— — die Geschichte der Baukunst bei den Alten, 2 Bde. gr. 4., mit 15 Kupf. in gr. Imp.-Fol. 1821. 22. 18 rthl.

Lagrange's, J. L., mathematische Werke. Deutsch von A. L. Crelle, 2 Bde. gr. 8. 1823. 8 rthl. 20 gr.

3r Bd. ist unter der Presse.

Lehmus, Dr. D. C. L., Lehrbuch der angewandten Mathematik, 1r Bd die Statik enthaltend, m. 4 K. gr. 8. 1818. 22 gr.
— — 2r Bd. die Geostatik enthalt., mit 8 Kupf. 1 rthl. 2 gr.
— — 3r Bd. enthaltend Hydrostatik, Hydraulik, Mechanik. 1 rthl. 18 gr.
— — Lehrbuch der Geometrie, 1r Bd. mit 13 Kupf. gr. 8. 1818. 1 rthl 18 gr.
— — 2r Bd mit 13 Kupf. gr. 8. 1820. 1 rthl. 6 gr.
— — Sammlung v. Beispielen, Aufgaben und Lehrsätzen aus der Arithmetik, Algebra, Geometrie und ebenen Trigonometrie, mit 4 Kupf gr. 8 1820. 22 gr.
— — die ersten einfachsten Grundbegriffe und Lehren der höhern Analysis und Curvenlehre, m. 2 Kupf. gr. 8. 1819. 1 rthl.
— — Theorie des Krummzapfens, m. 1 K gr. 4. 1818. 6 gr.
— — Lehrbuch der Körperberechnungen u. s. w., mit 4 Kupf. gr. 8. 1822. 1 rthl. 4 gr.
Michelotti, F. D., hydraulische Versuche, aus dem Ital. von Zimmermann, mit Anmerk. von Eytelwein. Mit Kupf. in Fol. gr. 4. 1808. 3 rthl 20 gr.
Mönnich, Theorie der Parallellinien, m. 2 K. gr. 8. 1821. 8 gr.
Neumann, K., der Wasser-Mahl-Mühlenbau, mit Vorrede von Eytelwein, 1r Bd. 3 Hefte mit 4 Kupf. in Fol. gr. 4. 1810–17. 10 rthl.
Ohm, Dr. M., Aufsätze aus dem Gebiete der höhern Mathematik gr. 8. 1823. 12 gr.
— — Versuch eines vollkommen consequenten Systems der Mathematik gr. 8. 1r Thl. 1822. Arithmetik, Algebra und Analysis 1r Thl. enthalt. 2r Thl. 1822. Arithmetik u. s. w. 2r Thl. enthalt. Jeder Bd. 1 rthl. 12 gr.
Pohl, G. F., die Kugelfläche als mathemat Construktionsfeld im Gegensatz der Ebene, oder die Geometrie und Trigonometrie auf der Sphäre in ihren Elementen ausführlich dargestellt, mit 6 Kupf gr. 4. 1819 2 rthl. 20 gr.
Schmeißer, Fr, Anleitung zum Selbstfinden der reinen Mathesis, 1r Thl. die Arithmetik 1s Lehrg m 1 K gr 8. 1817 20 gr.
— — Lehrbuch der reinen Mathesis zu ein. zum Selbstfinden leitenden Vortrage ders. 1r Thl. die Arithm. 1s Lehrg mit 2 Kupf. gr. 8. 1817. 2 rthl. 12 gr.
Tafeln, neue trigonometrische, für die Decimaleintheilung der Quadranten berechnet von J. P. Hobert und L. Ideler gr. 8. 1799. 2 rthl. 12 gr.
Dasselbe mit französischem Text. 2 rthl. 12 gr.
Textor, v, Darstellung der höhern Analysis oder der Functionenlehre gr. 8. 1809. 1 rthl. 8 gr.
— — Beschreibung des Verfahrens bei der trigonometr.-topograph. Vermessung von Ost- und Westpreußen u. s. w. Mit Charte gr. 8. 1810. 1 rthl. 12 gr.

Zu Ostern 1824. erscheint ein Lehrbuch für Feldmesser von A. L. Crelle.

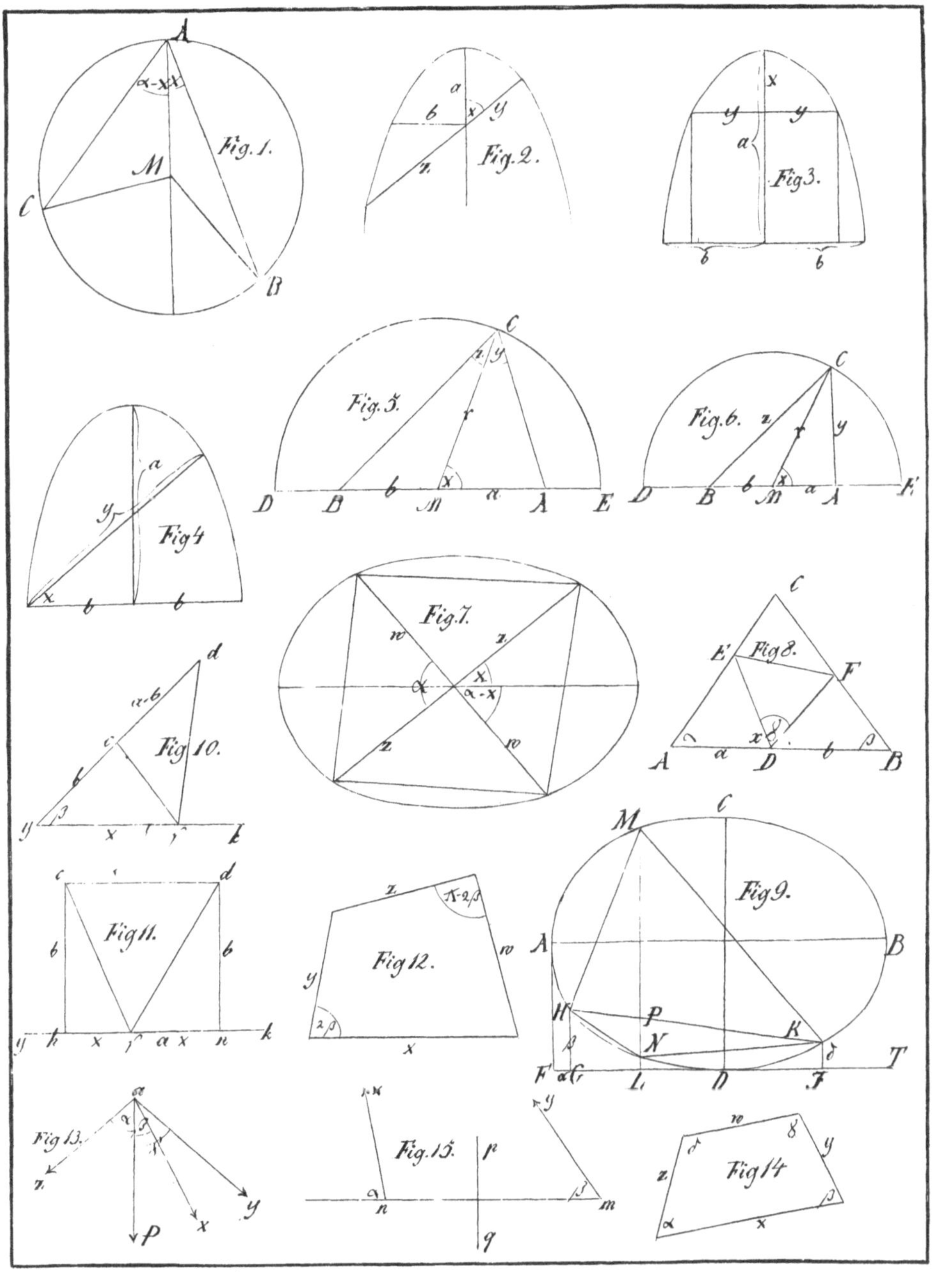
Fig. 1.
Fig. 2.
Fig 3.
Fig 4
Fig. 5.
Fig. 6.
Fig 7.
Fig 8.
Fig 9.
Fig 10.
Fig 11.
Fig 12.
Fig 13.
Fig 14
Fig. 15.

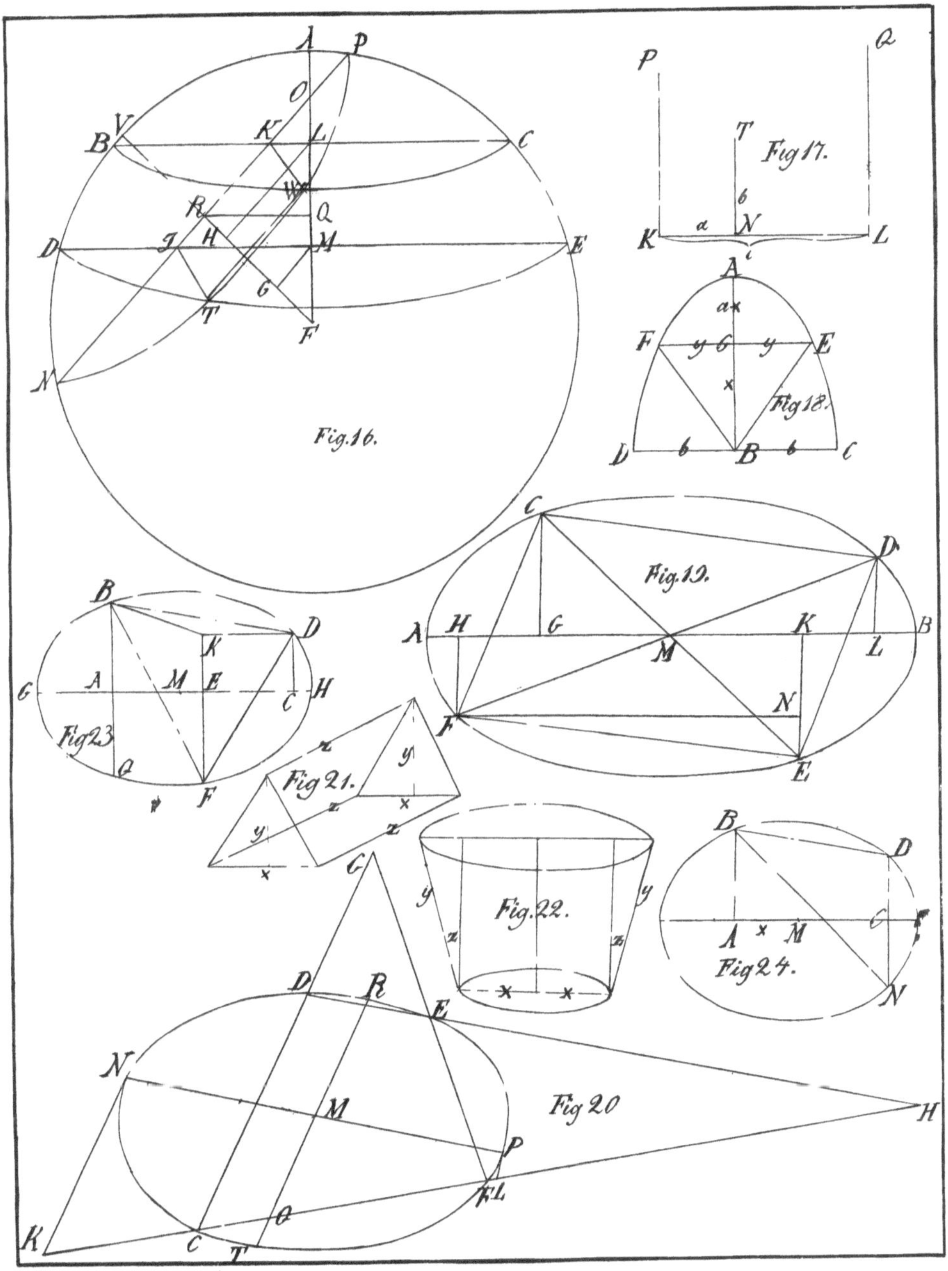
Fig.16.
Fig 17.
Fig 18.
Fig.19.
Fig 20
Fig 21.
Fig.22.
Fig 23
Fig 24.

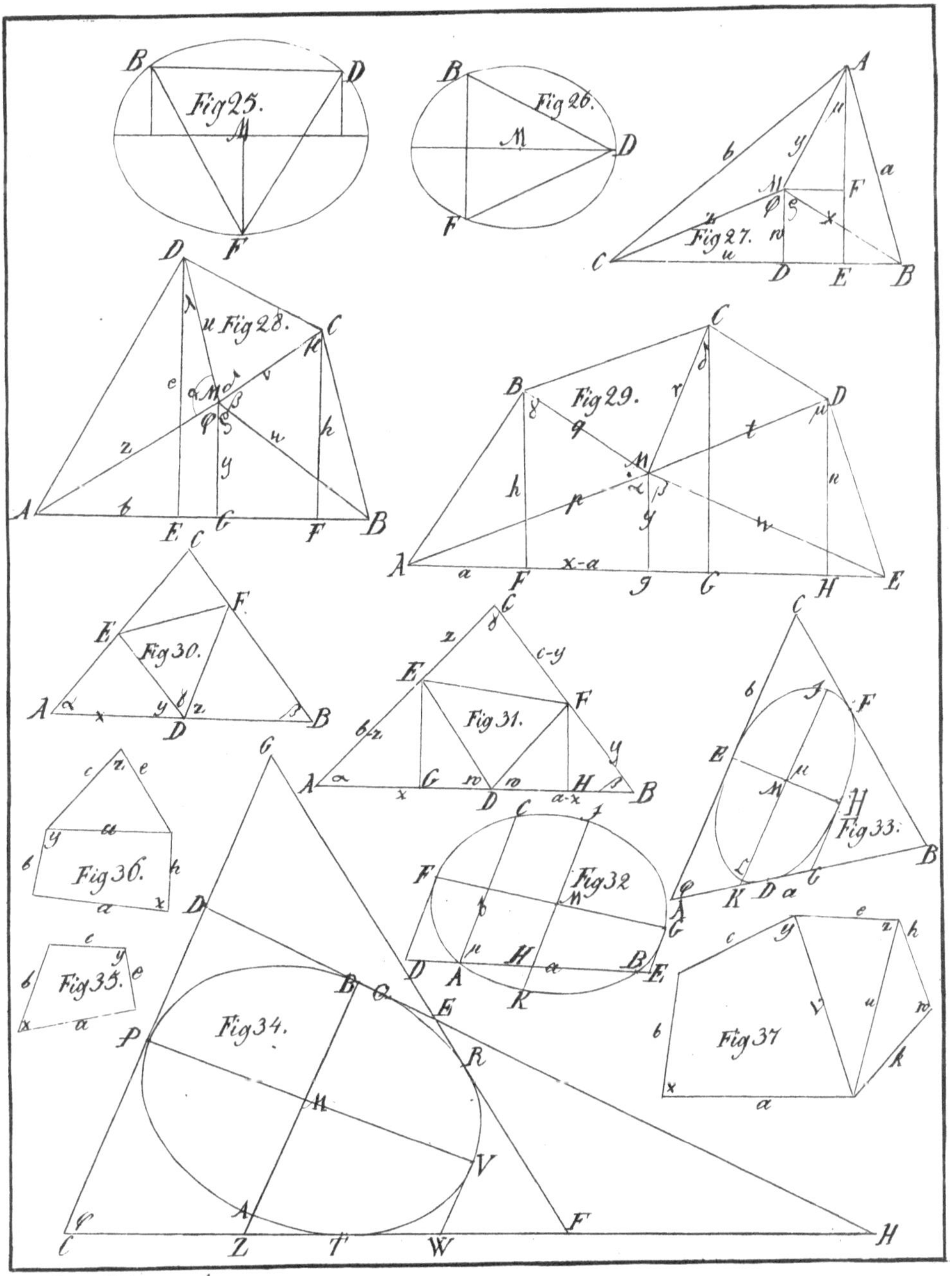
Fig 25.
Fig 26.
Fig 27.
Fig 28.
Fig 29.
Fig 30.
Fig 31.
Fig 32
Fig 33.
Fig 34.
Fig 35.
Fig 36.
Fig 37

FSC
www.fsc.org
MIX
Papier | Fördert gute Waldnutzung
FSC® C083411

Zeitfracht Medien GmbH
Ferdinand-Jühlke-Straße 7
99095 Erfurt, Deutschland
produktsicherheit@kolibri360.de